建设新农村农产品标准化生产丛书

鸡腿蘑标准化生产技术

主　编

王　波　甘炳成

编著者

王　波　甘炳成　鲜　灵

黄忠乾　彭卫红　杨俊辉

金盾出版社

内 容 提 要

　　本书由四川省农业科学院土壤肥料研究所王波研究员等编著。内容包括：鸡腿蘑标准化生产的目的与意义，经济价值，生物学特性，菌种生产技术规程，栽培环境与设施，自然条件下栽培与反季节栽培技术规程，产品加工与病虫害防治的标准。内容新颖、技术规范、文字通俗易懂，科学性与可操作性强，适于农村广大菇农及菇业技术人员阅读，对农业院校师生、科研和标准化管理者亦有参考价值。

图书在版编目(CIP)数据

　　鸡腿蘑标准化生产技术/王波，甘炳成主编 . 一北京：金盾出版社，2008.6
　　(建设新农村农产品标准化生产丛书)
　　ISBN 978-7-5082-5132-5

　　Ⅰ. 鸡…　Ⅱ.①王…②甘…　Ⅲ. 蘑菇-蔬菜园艺-标准化　Ⅳ. S646.1

　　中国版本图书馆 CIP 数据核字(2008)第 070777 号

金盾出版社出版、总发行
北京太平路 5 号(地铁万寿路站往南)
邮政编码：100036　电话：68214039　83219215
传真：68276683　网址：www.jdcbs.cn
封面印刷：北京金盾印刷厂
正文印刷：北京兴华印刷厂
装订：双峰装订厂
各地新华书店经销
开本：787×1092 1/32　印张：4.25　字数：93 千字
2008 年 6 月第 1 版第 1 次印刷
印数：1—11000 册　定价：8.00 元

序　言

随着改革开放的不断深入,我国的农业生产和农村经济得到了迅速发展。农产品的不断丰富,不仅保障了人民生活水平持续提高对农产品的需求,也为农产品的出口创汇创造了条件。然而,在我国农业生产的发展进程中,亦未能避开一些发达国家曾经走过的弯路,即在农产品数量持续增长的同时,农产品的质量和安全相对被忽略,使之成为制约农业生产持续发展的突出问题。因此,必须建立农产品标准化体系,并通过示范加以推广。

农产品标准化体系的建立、示范、推广和实施,是农业结构战略性调整的一项基础工作。实施农产品标准化生产,是农产品质量与安全的技术保证,是节约农业资源、减少农业面源污染的有效途径,是品牌农业和农业产业化发展的必然要求,也是农产品国际贸易和农业国际技术合作的基础。因此,也是我国农业可持续发展和农民增产增收的必由之路。

为了配合农产品标准化体系的建立和推广,促进社会主义新农村建设的健康发展,金盾出版社邀请农业生产和农业科技战线上的众多专家、学者,组编出版了《建设新农村农产品标准化生产丛书》。"丛书"技术涵盖面广,涉及粮、棉、油、肉、奶、蛋、果品、蔬菜、食用菌等农产品的标准化生产技术;内容表述深入浅出,语言通俗易懂,以便于广大农民也能阅读和使用;在编排上把农产品标准化生产与社会主义新农村建设巧妙地结合起来,以利农产品标准化生产技术在广大农村和广大农民群众中生根、开花、结果。

我相信该套"丛书"的出版发行,必将对农产品标准化生产技术的推广和社会主义新农村建设的健康发展发挥积极的指导作用。

王连铮

2006 年 9 月 25 日

注:王连铮教授是我国著名农业专家,曾任农业部常务副部长、中国农业科学院院长、中国科学技术协会副主席、中国农学会副会长、中国作物学会理事长等职。

前　言

　　鸡腿蘑是我国主要栽培的食用菌之一,已实现了周年生产,其生产技术已成熟,产量和质量均有了极大提高。除鲜菇销售外,还开发出了盐渍菇、干菇和罐头等系列产品,扩大了市场需求,成为百姓餐桌上的优质菜肴,鸡腿蘑是一种具有较大发展前景的食用菌。

　　随着鸡腿蘑产业的发展,以及人们对无公害食品的需求和出口产品质量标准更高的要求。基于我国目前鸡腿蘑生产现状,即多以分散式生产为主,规模小,分布广,标准化生产程度不高,产品质量参差不齐,价格悬殊大等原因。因此,很有必要建立示范、推广和实施鸡腿蘑产品标准化体系,开展标准化生产,确保鸡腿蘑产品质量安全。只有这样,才能发展壮大鸡腿蘑产业。为此,我们根据科研所得成果,总结生产经验,参考国内外标准化生产体系等相关文献,编著了《鸡腿蘑标准化生产技术》一书。书中详细介绍了鸡腿蘑的生物学特性,经济价值,菌种生产技术规程,栽培环境与设施标准,自然气候条件下栽培技术规程和反季节栽培技术规程,产品加工与病虫害控制规程等。本书是以我国颁布的食用菌相关标准为基础,对鸡腿蘑生产过程中标准化操作技术进行了介绍,初步建立了鸡腿蘑标准化生产技术体系。

　　在编写过程中,得到了科技部"十一五"国家科技支撑计划重点项目,农业部食用菌优异种质资源和安全生产技术体系引进与创新,农业部公益性行业(农业)科研专项(ny-hyzx07-008)的资助,四川省科学技术厅应用基础项目和食用菌育种攻关等科研项目的资助。还得到了四川金地菌类有限责任公司协助和作者所在单位的诸位同事的帮助,贾身茂研究员为本书提供了鸡腿蘑部分图片,还参考了多位食用菌专家的科技成果和论文,在此一并致谢!

由于水平有限,难免有错漏之处,敬请读者指正。

编 著 者

2008 年 2 月

编著者单位:四川省农业科学院土壤肥料研究所微生物研究室

联系方式:成都市狮子山路 4 号二区

邮编:610066

电话:028—84504291,84504890,84504292

目　录

第一章 鸡腿蘑标准化生产的目的与意义

一、标准化生产的概念

标准化是指在一定范围内获得最佳秩序,对实际的或潜在的问题制定共同的和重复使用的规则活动,它包括制定、发布和实施标准的过程。

鸡腿蘑生产标准化是指针对鸡腿蘑的特性,在其生产、加工、包装以及贮运过程中,严格按照已有国家标准和行业标准,以及参考进口国的标准,制定出的一系列鸡腿蘑产品质量卫生安全的生产、检测以及评价规则。目前,我国已制定出的鸡腿蘑相关标准有:《无公害食品 食用菌栽培基质安全技术要求(NY 5099-2002)》;《食用菌菌种生产技术规程(NY/T 528-2002)》;《无公害食品 鸡腿菇(NY 5246-2004)》等。在生产过程中,须严格按照已制定的相关标准进行。鸡腿蘑产品标准分为无公害食品、绿色食品和有机食品等。无公害食品、绿色食品和有机食品都属于鸡腿蘑产品质量安全范畴,都是产品质量安全认证体系的组成部分。无公害食品是保证人们对食品质量安全最基本的需要,是最基本的市场准入条件;绿色食品达到了发达国家的先进标准,满足人们对食品质量安全更高的要求;有机食品则是一个更高的层次。无公害食品是绿色食品和有机食品发展的基础,而绿色食品和有机食品是在无公害食品基础上的进一步提高。因此,鸡腿蘑生产最低的标准是要按照无公害食品要求进行。如果产品是供出口的,还须按照进口国的标准生产。

二、标准化生产的内容

鸡腿蘑生产标准化最终目标是产品质量达到无公害的基本要求,为了保证产品质量,在生产的各个过程中都要按照相关标准进行,即产前、产中和产后都要符合相关标准,各个生产过程都是相辅相成的,只要某一项没有按照标准化进行,最终产品质量也不易达到标准。产前包括生产场所及环境、原材料和菌种等;产中包括生产条件,水、土壤和病虫害控制等;产后包括产品采收,分级,包装,保鲜,加工设施与设备,加工产品质量等。因此,标准化生产不是单一的产品标准,而是一项综合的标准技术体系,每一个过程都要按照相关标准进行生产操作。

三、标准化生产的意义

我国鸡腿蘑生产,多以分散性生产,技术水平参差不齐,没有规范性生产标准参照,菇房随意修建,原材料任意选择,盲目使用化肥、农药,产品中有毒有害物质含量高,造成产品质量参差不齐,严重影响了产品价格。由于国内外产品质量标准不一致,生产出口产品时,还须按照进口国的标准要求进行生产加工。因此,开展标准化生产是保证产品质量的前提,是保证产品出口和增加出口量的关键,也是增加效益的关键,只有开展标准化生产,才能避免出口产品受到"技术壁垒"的制约。

四、标准化生产的作用

(一)有利于实施有效的科学管理

无标准生产,其后果必然导致盲目发展,无序竞争,产品规格不一,质量不同,产品名称不一样,价格差异很大。实施标准化生产后,有利于统一标准,量化指标,共同遵守同一个条例,秩序井然,有利于科学管理。

(二)有利于资源合理利用,节省劳动消耗

全国统一按一个标准进行生产,无论内销还是外销产品,都统一规格,这样就可避免因产品质量参差不齐,出现二次加工,消耗大量劳动力。

(三)有利于管理菌种,调整产品结构

菌种生产按照统一标准进行生产、销售,可避免出现同株异名,菌种混乱,致使生产的产品标准不一。在统一标准的前提下,可根据当地原材料和气候条件,确定发展适宜品种。

(四)有利于保证产品质量,提高应变能力

按照标准化生产,是有效控制有毒有害物污染的前提,生产的产品质量才能保证。这样,我们的产品就可光明正大地进入市场,扩大销售量。

(五)有利于消除贸易壁垒,提高竞争力

尽管我国已加入了世界贸易组织(WTO),产品可以自由

销往其他国家,但各国为保护其本国食用菌产业,提高了标准,给我国食用菌产品形成了"技术壁垒",使我国的产品出口仍然受到限制。因此,开展标准化生产,使我国的产品质量标准达到了国外的标准,就可有效克服他国设置的"技术壁垒",从而增加出口量。

第二章 经济价值

一、营养价值

　　鸡腿蘑是一种食、药兼用的菌类。鸡腿蘑幼菇细嫩,个体洁白,味美可口,适宜多种食用方法,是市场上较为畅销的食用菌。据分析,鸡腿蘑干品中,粗蛋白质含量为 25.4%,粗脂肪含量为 3.3%,碳水化合物含量为 58.8%,粗纤维含量为 7.3%,灰分含量为 5.72%,是食用菌中蛋白质含量较高的一种。其蛋白质含量低于双孢蘑菇,高于香菇、金针菇、草菇、平菇、黑木耳等食用菌(表 2-1)。此外,氨基酸含量也丰富,据报道,干品中氨基酸含量为 17%,其中人体必需的氨基酸有 7 种,占总量的 34.83%,17 种氨基酸含量见表 2-2。此外,还含有硫组氨酸甲基内盐和组氨酸三甲基内盐等物质。

表 2-1　鸡腿蘑与几种食用菌的营养成分比较　(干品,%)

种　类	粗蛋白质	粗脂肪	粗纤维	碳水化合物	灰　分
鸡腿蘑	25.4	3.3	7.3	58.8	5.72
双孢蘑菇	36.1	3.5	6.0	31.2	14.2
香　菇	13.0	1.8	7.8	54.0	4.9
金针菇	16.2	1.8	7.4	60.2	3.6
草　菇	21.2	10.1	—	47.5	10.1
平　菇	7.8	2.2	5.6	69.0	5.1
黑木耳	10.6	0.2	7.0	65.5	5.8

表 2-2　鸡腿蘑中 17 种氨基酸含量　(单位:%)

种　类	含　量	种　类	含　量
赖氨酸	0.95	脯氨酸	0.82
苏氨酸	0.64	蛋氨酸	0.25
酪氨酸	0.90	组氨酸	0.34
谷氨酸	3.18	丙氨酸	1.61
异亮氨酸	0.83	苯丙氨酸	0.98
缬氨酸	0.92	精氨酸	0.97
胱氨酸	0.14	甘氨酸	0.78
天门冬氨酸	1.83	丝氨酸	0.64
亮氨酸	1.42		

鸡腿蘑中还含有多种矿物质元素,在分析测试的 11 种矿物质元素中,钾的含量最高,其次是磷(表 2-3)。

表 2-3　鸡腿蘑中的矿物质元素

常量元素(毫克/100 克干品)		微量元素(微克/克干品)	
钾	1661.93	铁	1376.0
钠	34.01	铜	45.37
钙	06.70	钴	0.67
镁	191.47	锌	92.2
磷	654.14	锰	29.22
		钼	0.67

鸡腿蘑中还含有多种风味物质,据报道主要有 4 种风味物质,该 4 种风味物质分别是 1-辛烯,3-辛烯,1-辛烯-3-醇,3-辛酮。其浓度和阈值详见表 2-4。

表 2-4　鸡腿蘑的风味物质的浓度和阈值

风味物质	浓　度	阈　值
1-辛烯	0.64	0.1
3-辛烯	0.50	0.1
1-辛烯-3-醇	1.2	0.4
3-辛酮	1.05	1.0

此外,鸡腿蘑中还含有腺嘌呤、胆碱、精胺、酪胺和色胺等生物碱和脂肪酸等物质。

二、药用价值

鸡腿蘑性平,味甘滑。有助消化,益脾胃,清神宁智,治疗痔疮等功效。还含有抗癌活性物质,《中国药用真菌图鉴》记载,鸡腿蘑对小白鼠肉瘤 S-180 的抑制率为 100%,对艾氏癌的抑制率为 90%。郭炳冉等报道,用富含铬的鸡腿蘑子实体喂小白鼠的试验表明,对血糖的下降幅度大,降血糖效果显著。

此外,鸡腿蘑是一种条件中毒菌类,食用时要注意不要与含有酒精的饮料如酒、啤酒等同食,否则会出现呕吐等一些不良反应,这种反应因人而异,只有敏感的人才会出现这种症状。

第三章 生物学特性

一、分类地位

鸡腿蘑又叫毛头鬼伞(《中国的真菌》、《真菌名词及名称》、《食用蘑菇》),毛鬼伞,牛粪菌,鬼伞菌,毛头鬼伞,鸡腿菇,商品名叫鸡腿蘑。

鸡腿蘑在分类上隶属于真菌门(Eanycota)、担子菌纲(Basidiomytes)、鬼伞目(Agariacles)、伞菌科(Coprinaceae)、鬼伞属(Coprinus)。

学名:*Coprinus comatus*(Muell. er ex Fr.)S. F. Gray

异名:*Agaricus comatus* Mueller

日文名:ササクレヒトョタケ(ささくれ一夜茸)

英文名:lawyer's wing;shaggy ink Cap;shaggy Mane

二、形态特征

(一)子实体

子实体群生或单生,在幼菇初期子实体为圆柱形或桶状、腰鼓状,后期菌盖呈钟形,最后平展。子实体高 15 厘米,菌盖直径 5～7 厘米。初期为白色,中期菌盖上有鳞片状斑纹,后期色深呈褐色。菌盖初期表面光滑,后期裂开呈平伏状的鳞片,有明显的反卷。菌褶初期为白色,成熟后变为黑色,最后自溶成墨汁状的液体,即孢子液;菌褶与柄离生,菌肉白色、薄；菌柄圆柱形，基部膨大，长 5～15 厘米，粗 1～3 厘米，白色、平滑、有丝状光泽，中空，骨脆质；菌环白色，脆弱，易脱落，能上下移动，位于菌柄中部。孢子椭圆形，黑色，光滑，基部有一小尖，大小为 7.5～11 微米×12.5～19.5 微米，囊状体棒状或柱状，上下等粗，顶端钝圆，略弯曲，稀疏，大小为 11～21.3 微米×24.4～60.3 微米。

(二)菌丝形态特征

鸡腿蘑的菌丝可分为单核菌丝和双核菌丝 2 类。单核菌丝是由 1 个孢子萌发而成的，菌丝中每个细胞内只有 1 个细胞核，无锁状联合，菌丝在外观形态上与双核菌丝体无明显区别，这种菌丝是不结实的，即不能形成子实体。只有 2 个不同交配型的单核菌丝体相互接触，通过细胞质融合和核移动，形成双核菌丝体，并具有锁状联合，这样的菌丝体才能形成子实体，也才能作为繁殖菌种的菌丝体。双核菌丝与单核菌丝的区别，仅凭肉眼往往是无法区别的，最简便的方法是在显微镜下观察菌丝有无锁状联合，或者经细胞核染色后，在显微镜下观察菌丝细胞中有多少个细胞核，细胞中只有 1 个细胞核的则为单核菌丝体，若细胞中有 2 个细胞核的则为双核菌丝体。双核菌丝体肉眼观察呈绒毛状，白色至灰白色，粗壮，有时呈束状，老龄菌丝会变色呈浅茶褐色至褐色。

三、生 活 史

鸡腿蘑是一种异宗结合的菌类。其生活史从子实体菌褶上产生担孢子开始，经萌发后，长出的菌丝为单核菌丝，单核菌丝在生长的同时，两个相邻可亲和的单核菌丝相互接触，形成双核菌丝，随着双核菌丝的生长发育，达到生理成熟后，菌丝逐渐扭结形成原基,原基进一步分化发育成子实体,成熟的子实体产生孢子,菌褶自溶,孢子混合在自溶液体中,流入基质中萌发成菌丝,至此,鸡腿蘑的生活史即完成。

四、子实体生长发育过程

根据子实体生长发育过程中的形态特征变化,大致可分为球形期、梭形期、卵形期和成熟期。球形期为子实体的原基,子实体刚分化出菌蕾;棒形期的子实体菌盖呈半球形,菌柄长,菌盖与菌柄近等长;梭形期的子实体菌柄增长,长度为菌盖的1～2倍,菌盖呈椭圆形,子实体似"手榴弹",此期为收获时期(图3-1);进入卵形期后,菌柄生长停止,菌盖增长并长成钟形,菌盖松开;到了成熟期后,子实体菌盖展开,菌褶由白色变为黑色,随后出现自溶,呈墨汁状液体滴下,最后菌盖完全溶化成液体,只残留菌柄部分。至此,子实体生长发育终止(图3-2)。

图3-1 幼菇期

图 3-2 成熟期

五、营养生理与生态特性

(一)营养生理特性

鸡腿蘑生长所需的营养物质按其类型来分,大致可分为碳素营养物质、氮素营养物质、矿物质和生长因子等。

1. 碳素营养物质 鸡腿蘑菌丝生长能利用多种碳源,如葡萄糖、果糖、蔗糖、木糖、半乳糖、麦芽糖、棉籽糖、淀粉、甘露醇、纤维素和石蜡等。其中以利用葡萄糖和果糖为最好,对双糖和木质素的利用较差。在母种生产中,以葡萄糖作为碳源为最好,在栽培时,主要以农作物秸秆作为碳素物质,如棉籽壳、棉渣、稻草、麦秸、玉米芯、玉米秸秆及野草等,其中以棉籽壳和玉米芯为最好,子实体发生数量多,质量好。

2. 氮素营养物质　鸡腿蘑菌丝生长的最适氮素营养物质为蛋白胨、酵母粉和麦芽浸膏等,还能利用各种铵盐和硝态氮。麦芽浸膏、麸皮和小麦粒浸出液对鸡腿蘑菌丝生长有促进作用。在母种生产时,常用马铃薯、麸皮和蛋白胨等作为氮素物质;在栽培时,在培养料中加入麸皮、玉米粉和米糠等含氮丰富的有机物,作为氮素营养物质补充氮素营养不足,调节培养料中的碳氮比(C/N),使之达到鸡腿蘑菌丝生长的最适碳氮比,才有利于提高产量和质量。生产实践表明,以添加玉米粉的效果最好。

3. 矿物质　鸡腿蘑菌丝生长也还需要少量的矿物质元素,如磷、钾、钙、镁、铁、锰、锌、铜等,这些矿物质元素中以钾、磷、钙、镁的需要量最多。在生产上常添加硫酸钙(石膏)、碳酸钙、石灰、磷酸二氢钾、过磷酸钙、硫酸镁等,鸡腿蘑从这些物质中获得钾、磷、钙、镁、硫等矿物质元素。

4. 生长素　鸡腿蘑在生长发育过程中还要吸收一定量的生长素。生长素主要是指维生素、激素等,对鸡腿蘑营养生长和生殖生长有着显著的作用,是不可缺少的,缺乏时就会生长不良。在培养基中加入富含维生素的物质如麸皮、米糠、玉米粉、燕麦、红叶草、苜蓿等绿叶的煎汁,可促进鸡腿蘑菌丝生长。

5. 其他因素　鸡腿蘑的子实体形成还需要一些有益微生物产生的代谢产物的刺激,这类有益微生物主要是细菌类,与鸡腿蘑成互利共生的关系。因此,生产鸡腿蘑时,需要覆盖土壤才能长出子实体。但在利用食菌下脚料或发酵料做原料栽培时,若是利用常压灭菌的,在菌丝长满袋后,在环境条件适宜的情况下,也能长出鸡腿蘑子实体,但数量少,产量低。

(二)生态特性

1. 温度 鸡腿蘑菌丝生长的温度范围为 7℃～35℃,最适宜的生长温度为 24℃～28℃,在此温度范围内,菌丝生长快,浓密,粗壮整齐。在温度低的条件下,菌丝生长缓慢,并且稀疏细弱;温度高时,菌丝生长快,粗壮,易长成束状菌丝,还易变色老化。在 38℃ 以上和 6℃ 以下,菌丝生长停止,超过 40℃ 时,菌丝就会死亡。子实体生长的温度范围为 8℃～25℃,最适生长温度为 16℃～22℃,温度低于 8℃ 和高于 30℃,子实体不易形成。在适宜的温度范围内,温度越低,子实体生长缓慢,个体大、柄长且粗壮,菌盖包裹结实,不易开伞;相反,温度偏高时,子实体生长发育快,子实体瘦小,柄短细小,盖长且小,组织疏松。生产优质鸡腿蘑子实体的最佳温度范围为 15℃～18℃,在此温度范围内,长出的子实体个体大,粗壮,柄长,菌盖小而胖,不易开伞,洁白,似"手榴弹"状。同时也不易出现病害。

2. 水分与湿度 水分是指培养料中的水分,湿度是指栽培环境中的空气相对湿度。鸡腿蘑菌丝生长的基质的最佳含水量为 60%～70%,在此范围内,菌丝生长快,长势旺盛。若培养料中的水分低于 50% 时,菌丝生长就会受阻,若培养料中的水分高于 70% 时,培养料中的孔隙度减少,造成通气性差,菌丝生长呼吸受阻,菌丝生长就缓慢。在培养菌种期间,需要的空气相对湿度为 60%～70%,若高于 70% 时,封口物就会受潮,杂菌在封口物上生长繁殖,并进入瓶或袋内,造成杂菌污染,总之,在高湿度的环境下容易出现杂菌侵染。当空气相对湿度低于 50% 时,菌袋内培养料中的水分就会蒸发,使培养料中的水分减少,不利于菌丝生长。在子实体生长发育期间,需要环境中的空气相对湿度为80%~90%,才能正常生长发育。空气相对湿度低于70%时,子实体菌盖上就会出现许多鳞片,表现不光滑,严重时子实体会干枯死亡。若空气相对湿度超过100%时,子实体生长呼吸受阻,生长受到抑制,菌柄变色,出现褐色斑点,幼菇会被细菌类病原菌感染而腐烂。在栽培鸡腿蘑时,覆土层的水分含量是关键因素,菌床上的空气相对湿度主要是通过覆土层的水分含量来调节的,覆土层的土壤最适含水量为18%左右。土壤中水分不宜过高,以湿润为宜,因含水量偏高,子实体菌柄易变色,出现褐斑。

3. 光线 鸡腿蘑菌丝生长期间,需要在光线暗的条件下才能正常生长,强烈的光照对菌丝生长有抑制作用。据报道,在菌丝生长初期,经过一段时间的光照处理后,有利于后期菌丝生长加快。在子实体生长发育期间,只需要微弱的光照就能满足生长,光照过强反而对子实体生长不利,一是易干燥,二是菌盖表面上会出现许多鳞片,变得不光滑,鳞片变为褐色,而不是白色。在光线暗的环境下,生长的子实体洁白,表面光滑,质量优。

4. 空气 鸡腿蘑是好气性真菌。菌丝生长期间,对氧气的需求量少,但培养料的透气性差,对菌丝生长也有抑制作用,造成菌丝生长速度减慢。在子实体生长发育期间,需要充足的氧气,二氧化碳浓度过高,对子实体生长有抑制作用,主要是菌盖生长受到抑制,长成畸形菇。在幼菇期间,若通风透气不良,幼菇会出现死亡。在子实体生长后期,为了使子实体的菌柄增长,可适当地减少通风量,增加二氧化碳的浓度,促进菌柄生长,抑制菌盖生长和展开,从而增加子实体长度,提高鲜菇的质量,但这种菇的菌柄组织较疏松,有的中空。

5. 酸碱度(pH 值) 鸡腿蘑生长的 pH 值范围为 2～13,最适宜生长的 pH 值为 6.8～7.2。由于在菌丝生长过程中,会产生有机酸类物质而降低培养料中的 pH 值。因此,在配制培养料时,要加入一定数量的石灰来调高 pH 值,使 pH 值达到 8～9。在栽培时如果覆盖用土是呈酸性的,也需要加石灰来调节 pH 值,使之达到鸡腿蘑菌丝和子实体生长的最佳酸碱度范围。

第四章 菌种生产标准

一、菌种的分级与类型

(一)分 级

鸡腿蘑菌种根据繁殖方式分为一级种(母种)、二级种(原种)、三级种(栽培种)。

1. 母种(Stock culture) 经各种方法选育得到的具有结实性的菌丝体纯培养物及其继代培养物,以玻璃试管为培养容器和使用单位。鸡腿蘑类母种菌丝为双核菌丝,具锁状联合,分枝,有横隔;菌落形态为白色,绒毛状,生产整齐。

2. 原种(Pre-culture spawn) 由母种移植、扩大培养而成的菌丝体纯培养物。常以玻璃菌种瓶或塑料菌种瓶或 15 厘米×28 厘米聚丙烯塑料袋为容器。鸡腿蘑类原种由棉籽壳或玉米芯等为主料,麸皮或米糠、玉米粉等为辅料组成的培养基,装入瓶内或塑料袋内,经高压蒸汽或常压蒸汽灭菌后,由母种移植在培养基上,在适宜温度下培养至菌丝体长满瓶或袋的纯培养物。原种可直接用作生产出菇袋用菌种,或直接栽培出菇。

3. 栽培种(Spawn) 由原种移植、扩大培养基而成的菌丝体纯培养物。栽培种只能用于栽培,不可再次扩大繁殖菌种。鸡腿蘑类栽培种,培养基成分是以棉籽壳或玉米芯等为主料,以麸皮或米糠、玉米粉等为辅料组成的。也可用小麦粒或谷粒作培养基。将培养基装入玻璃瓶或塑料袋,或17～22厘米×33～42厘米聚乙烯塑料袋或聚丙烯塑料袋,经高压蒸汽灭菌或常压蒸汽灭菌后,将原种移植于栽培种培养基上,扩大培养而成的菌丝体纯培养物。栽培种是用作生产出菇袋的菌种,也可直接用于栽培培育子实体。

(二)菌种类型

1. 固体菌种 利用固体培养基培养的菌种。如斜面培养基的母种,用棉籽壳、玉米芯、麦粒、谷粒、玉米粒等为主料的培养基培养的原种和栽培种。

2. 液体培养基 利用液体培养基培养的菌种,菌种为菌丝体。如用三角瓶装液体培养基,经灭菌、接种后振荡培养的菌种,或者利用液体发酵设备繁殖的液体菌种。

(三)菌种种型

1. 谷粒菌种 以小麦、大麦、谷子、玉米、高粱等作物种子为培养基培养的菌种。谷粒种具有萌发力强,颗粒小,分散广等特点。谷粒种适宜作生产种,不宜做原种,并且适宜在低温季节使用。因谷粒种在菌种萌发吃料生长后,谷粒上易生长黄曲霉等杂菌,造成菌种报废。

2. 发酵料菌种 以发酵棉籽壳为主料,麸皮、米糠、玉米粉等为辅料组成的培养基培养的菌种。

二、菌种生产场所与设备

菌种是纯培养物,不能混杂其他生物,并且要求菌种中菌丝生长健壮、有活力。为了达到这一目标,需要有一个良好的场所,以及配备相应的设施设备。应按照《食用菌菌种管理办法》和《食用菌菌种生产技术规程(NY/T 528)》的要求选择场所,建立相应的设施、配备相应的设备,才能保证菌种的质量。

(一)菌种场的布局

菌种场是从事食用菌菌丝体纯化培养物的场所。为了提高菌种成品率,降低病、虫、鼠害侵入,应选择好场所并进行科学布局。

1. 菌种场位置 菌种场应选择周围500米以内无家畜饲养场、垃圾处理场、食品加工厂及生物肥料、微生物制剂厂的生产场所。

2. 平面布局 菌种场的布局应按照有菌区和无菌区相隔,无菌区分高度无菌区和一般无菌区,即原料堆放场所、配料场所、分装场所和灭菌场所为有菌区,冷却室和接种室为高度无菌区,培养室和贮藏室为一般无菌区。根据生产工艺和微生物传播规律进行布局(图4-1)。

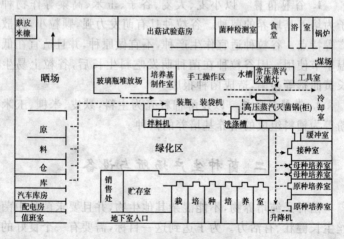

图4-1 菌种场的布局

(二)菌种生产设备

1. 母种生产设备

(1)常用器具　玻璃试管应选用 18
毫米×180 毫米,或 20 毫米×200 毫
米。试管分装架与医用灌肠杯,橡胶
管,止水夹和玻璃滴管等构成培养基分
装器具(图 4-2)。天平:常用 500～
1 000 克的物理托盘天平,或电子天平。
量杯或量筒:常用 500～1 000 毫升的规
格。此外,还须配备酒精灯、接种钩、手
术刀、镊子、接种锄等。

图 4-2　培养基分装器具

(2)灭菌设备　按照食用菌菌种生产技术规程(NY/
T 528)生产母种培养基必须高压蒸汽灭菌,不可常压蒸汽灭菌,
因此,须配备高压蒸汽灭菌器。高压蒸汽灭菌器有以下几种。

图 4-3　外加热手提式高压蒸汽灭菌锅

①手提式高压蒸汽灭
菌设备　手提式高压蒸汽
灭菌设备体积小,由锅体、
锅盖、灭菌桶等组成,在锅
盖上有安全阀、排气阀和
压力表。手提式高压蒸汽
灭菌锅分为内加热和外加
热 2 种,内加热手提式高压
蒸汽灭菌锅内安装有电热
管,直接连通电源烧开锅内水产生蒸汽进行灭菌;外加热手提
式高压蒸汽灭菌锅(图 4-3),是将高压蒸汽灭菌锅置于电炉
或煤炉上加热。

②全自动高压蒸汽灭菌锅　全自动高压蒸汽灭菌锅只要设置好温度和时间,时间到后会自动终止灭菌(图 4-4)。

图 4-4　全自动高压蒸汽灭菌设备

(3)接种设备

①超净工作台　超净工作台又叫净化工作台,分为垂直和水平层流状态两种类型,是利用空气预过滤器和高效过滤器除尘洁净后,在局部创造无菌空间(图 4-5)。

图 4-5　超净工作台

②接种箱 用木材和玻璃制作的接种箱，接种箱分为单人式和双人式2种。接种母种用接种箱主要为单人式接种箱。接种箱体积小，密闭严，容易创造无菌环境，并且操作人员只伸入双手操作，接触消毒药物少，是较理想的

图4-6 单人式接种箱

接种设备。在接种箱内须安装30瓦紫外线灯和20瓦日光灯（图4-6）。

③接种室 接种室应按照无菌室要求进行设计和构建。在接种室入口处应设置缓冲间，入口处的门要错位设置，应安装平行移动门，缓冲间一般宽为0.7～1米。在接种室内设置实验台，在内室和缓冲间内均安装玻璃窗，同时安装1～2盏20瓦日光灯。接种室地面和墙壁表面要求光滑，密闭较严。

图4-7 培养箱

（4）培养箱 培养箱分为电热恒温培养箱和生化培养箱2种。电热恒温培养箱具有只能升高温度，不具降低温度的作用，适宜在冬季培养菌种使用；生化培养箱具有升温和降温作用，周年均可调节在适宜的温度范围内（图4-7）。

2. 原种和栽培种生产设备 原种和栽培种生产工艺基本相同,其生产设备也可共用。须配备的常用设备有以下几种。

(1)搅拌机 搅拌机是用于配制培养料时,将原、辅材料混合搅拌均匀的设备,根据搅拌料方式主要有以下2种类型。

①料槽式搅拌机 料槽式搅拌机是将原、辅材料装入搅拌槽内,加水后开启电动机搅拌培养料。

②过腹式搅拌机 将原、辅材料先在地面上干料拌匀后,再加入所需水,然后,将培养料铲入搅拌机内,利用高速旋转的叶片拌匀培养料,一侧进料,另一侧出料。这种拌料机结构简易,成本低,体积小,易移动。

(2)装瓶机 装瓶机分为装玻璃瓶和装塑料瓶2种类型的装瓶机。装玻璃瓶的装瓶机是采用横向将培养料装入瓶内。装塑料瓶的装瓶机是将塑料瓶放入塑料筐内,安放在料槽下,利用料槽的振动让培养料进入瓶中,同时压紧培养料,并在料中打孔,上瓶盖。

(3)灭菌设备 生产原种和栽培种的培养基装入容器中后,须进行灭菌处理,灭菌设备分为高压蒸汽灭菌设备和常压蒸汽灭菌设备2种。

①高压蒸汽灭菌设备 高压蒸汽灭菌设备分为卧式灭菌柜和立式灭菌柜,有圆形和正方形等几种类型,体积大小也各不相同(图4-8)。生产者应根据生产量选用设备。高压蒸汽灭菌设备灭菌时的温度可达到120℃~125℃,灭菌时间为1.5~2小时。

图 4-8　高压蒸汽灭菌设备

1.正方体高压蒸汽灭菌设备　2.圆柱体高压蒸汽灭菌设备

②常压蒸汽灭菌设备　常压蒸汽灭菌设备是自己制作的,有用油桶制作的简易灭菌设备,也可用钢板制作的常压蒸汽灭菌灶,也有用砖制作的设备等。常压蒸汽灭菌温度100℃左右,灭菌时间为12～13小时。下面介绍几种原种和栽培种生产用的灭菌灶。

油桶灭菌灶:这种灭菌是用汽油桶制作,体积小,适宜生产者制作原种和栽培种使用,1次可装料瓶128～256个。制作方法是:选择1个完好的汽油桶,去掉顶盖,在距桶底25厘米处安装1个用钢筋制作的横隔,在桶内放入1张厚为0.12厘米的桶状塑料薄膜,装好料瓶后,将塑料薄膜扎好。或在顶部罩上塑料薄膜,加热烧开水产生蒸汽进行灭菌。为了增加灭菌的料瓶数量,可重叠两个铁框,框架高为两个料瓶的高度(65厘米),在横隔上方安装1个排气阀门,在阀门上套上1根细塑料管,将其放入盛有水的桶内,用于调节灶内蒸汽,防止蒸汽胀破塑料薄膜。用蜂窝煤进行加热,操作十分方便。

钢板制灭菌灶:用钢板制作一个方形柜式灭菌灶对料瓶或料袋进行灭菌。灶体高2.2米,长和宽均为1.3米,在一侧制作一扇宽为0.6米,高为1.2米的门,门柜底部距灶体底部

0.3米。在灶内25厘米处制作横隔,并在灶体横隔上方两侧安装排气阀门(图4-9)。燃烧装置制作成烧蜂窝煤的灶,用煤车装煤,煤车长0.85米,宽0.75米,高0.4米,1次可装148个蜂窝煤。煤燃烧殆尽后,即灭菌结束。

图4-9 钢板制灭菌灶

砖制灭菌灶:用砖和水泥制作的土蒸灶,食用菌生产中常用土蒸灶。灶体长和宽均为1.5米,高为2米,在灶内安装1口口径为1米的铁锅。在灶体1侧制作1扇门,门高为1.2米,宽为0.5米,在门框两侧安装2~3个铁环,门用木板制作,在门内壁贴一层塑料薄膜。在灶体与烟道之间做1个水池,即安装1口口径为0.5米的小铁锅,四周用砖砌成水池状,并在灶上开1个小口,或安装1根铁管,便于向灶内锅中补充热水。在锅缘四周放置一层砖,铺上木棒和木板后作横隔。灶膛与普通灶构造基本一致(图 4-10)。

图 4-10 砖制灭菌灶

(4)接种设备 接种设备常用接种箱和接种室,同母种生产设备。接种原种的接种箱为双人接种箱。

(5)培养室 培养室是培养菌种的场所。要求具有良好的调温、遮光、通风和干燥的环境。在培养室内安装床架,放置瓶装菌种和袋装菌种的床规格也不一样。放置瓶装菌种的床架高 1.8~2 米,宽 0.6 米,层距 0.3 米。排放菌袋的床架高 1.8~2 米,宽 0.2 米,层距 0.45 米(图 4-11)。为了调节温度,应在培养室内安装空调或煤炉,或电热炉等调温设备。

图 4-11 培养室

(6)菌种贮藏设备　　菌种贮藏设备分为留样贮藏和待用贮藏设备2种。按照食用菌菌种生产技术规程(NY/T 58)的规定,销售的每一批号的各级菌种都应留样备查,留样的数量应以每个批号母种3～5支,原种和栽培种5～7瓶(袋),于4℃～6℃条件下贮存,贮存至使用者在正常生产条件下,该批菌种出第一潮菇。或者生产的各级菌种在没有及时使用或出售时,为了保证菌种质量,防止菌种老化、出菇或冻死,也应贮存在适宜的条件下。常用的贮藏设备有以下几种。

①电冰箱或冷藏柜　　调节温度在4℃～6℃,可用于母种贮藏,以及原种、栽培种留样。

②低温贮藏室　　用制冷机组进行降温,适宜较大室内,贮藏的菌种数量多时使用,调节温度在4℃～6℃。

③加热设备　　在北方冬季气温低于0℃时,应使用暖气机、电加热器和暖风机等,控制温度在4℃～6℃,贮藏原种和栽培种。

④空调　　在夏季高温季节,调节室温在15℃以下,同时贮藏原种和栽培种。

三、消毒与灭菌方法

消毒与灭菌是两种不同的概念。消毒是指采用物理和化学方法消除培养物中培养物以外的其他微生物的方法;灭菌是指采用物理和化学方法杀灭培养物中一切微生物的方法。

(一)化学药物

1. 常用消毒灭菌药品种类及用途　　食用菌菌种生产需使用消毒剂和灭菌药,用于接种工具,菌种容器外壁的灭菌,常用的药品见表 4-1。

表 4-1　常用消毒灭菌药品及使用方法

药品种类	浓度(%)	用　途
酒精(乙醇)	70～75	菌种容器、工具等表面灭菌
新洁尔灭	0.25	菌种容器、工具接种室内表面和空间灭菌
来苏儿	2～3	同新洁尔灭
甲醛	2	熏蒸和喷雾灭菌
高锰酸钾	0.1～0.2	菌种容器、工具、表面消毒
克霉灵	0.1	菌种容器、工具、表面消毒
多菌灵	0.1	菌种容器、工具表面消毒
过氧乙酸	0.2～0.5	表面消毒或喷雾消毒
气雾消毒剂	2 克/米³	用于熏蒸灭菌
甲基托布津	0.1	表面消毒或空间喷雾消毒

2. 化学灭菌方法　主要用于菌种容器外壁,工具擦洗灭菌以及接种室、培养室内空间喷雾,或熏蒸。用于防止接种时杂菌混入菌种内,以及培养时出现二次感染杂菌。

(二)物理灭菌

1. 高温灭菌　高温灭菌分为干热灭菌和湿热灭菌 2 种。干热灭菌方法是在干燥条件下加热杀死微生物,如将接种工具在酒精灯火焰上进行灼烧灭菌,棉塞在 160℃烘箱内灭菌等;湿热灭菌是利用蒸汽产生高温来灭菌,如培养基在高压蒸汽锅内 121℃下灭菌,在常压蒸汽灭菌灶内 100℃左右下灭菌等。

2. 紫外线照射灭菌　物理消毒设备主要有紫外线灯和三氧杀菌机等。在接种箱和接种室内,安装上紫外线灯,使用前开启灭菌 30 分钟,利用紫外线消灭杂菌。三氧杀菌机可产生臭氧(O_3)，对环境中杂菌进行杀灭。

四、菌种生产技术规程

鸡腿蘑菌种是指菌丝体及其生长基质的繁殖材料。

(一)母种生产技术规程

母种是以菇体组织，或孢子分离获得的。同时，也是育种专家利用杂交、诱变、基因工程等方法获得的优良品种。用于生产的母种的种源对生产者影响重大，生产者应从育种单位，或具有菌种保藏条件的单位引种，无论是从何处引进的母种，都须进行栽培比较试验，确定是优良品种，并适宜当地生产条件后，才能用于生产母种。

1. 培养基制作技术规程

(1)培养基种类与配方

①PDA 培养基　马铃薯 200 克，葡萄糖 20 克，琼脂 20 克，水 1 000 毫升。

②PSA 培养基　马铃薯 200 克，蔗糖 20 克，琼脂 20 克，水 1 000 毫升。

③CPDA 培养基　马铃薯 200 克，麸皮 50 克，葡萄糖 20 克，琼脂 20 克，水 1 000 毫升。

④宾田氏培养基　酵母粉 5 克，葡萄糖 20 克，琼脂 20 克，水 1 000 毫升。

(2)培养基配制技术规程　以 PDA 培养基为例进行介绍。将马铃薯去皮后切成薄片，放入铝锅内，加水 1 000 毫升，加热煮沸 20 分钟，用 4 层纱布过滤获得滤液。然后，在滤液中加入 20 克琼脂，继续加热煮沸使琼脂条完全熔化，再加入 20 克葡萄糖,加热搅拌溶解混匀,最后补足水至 1 000 毫升。趁热并在凝固之前,将培养基分装于试管内。

(3)分装技术规程　用分液漏斗将培养基分装于试管内,装量为试管的 1/4,约 3 指宽。分装时,注意试管口内壁不要沾上培养基,以免附着在棉塞上造成杂菌感染,分装好的培养基要直立放在桶内或框架内。

(4)棉塞制作技术规程　棉塞可用棉花和化纤棉类制作。先取一块棉花铺平成方形,然后卷曲成柱状,再将两端向内折成短圆柱状,再塞入试管内。棉塞松紧度要适宜,过松则起不到阻止杂菌作用,易感染杂菌,而且还易脱落;过紧则不易拔出。此外,还可事先制作好棉塞,在烘箱内 160℃烘烤 2～3 小时,进行固形和灭菌后使用。也可在手提式高压蒸汽灭菌锅内灭菌 1 小时,进行固形和灭菌后使用。

(5)灭菌技术规程　培养基分装好后,要及时灭菌,防止培养基内细菌生长,造成培养基变质。当天分装的培养基要当天灭菌。将试管装培养基直立放入桶内,再放入手提式高压灭菌锅内,盖严锅盖,加热使桶内水烧开并产生蒸汽。当压力上升到 0.05 兆帕时,停止加热,打开排气阀门排出气体,如此进行 2 次,其目的是排尽锅内冷空气,防止出现假压现象,造成灭菌不彻底。或者开始灭菌时,打开排气阀门,排完冷空气后,继续加热,当压力上升到 0.147 兆帕,即安全阀自动放气时,开始计时,并在此压力下保持 30～40 分钟。然后,停止加热并微开启排气阀门,缓慢排出锅内气体,切勿全打开排气阀门,否则会造成培养基喷出试管。排气结束,并且压力表指针回到"0"时,开启排气阀门,打开锅盖,冷却至 45℃时,取出制作成斜面培养基。

（6）斜面培养基制作技术规程　在桌面上放置1根厚为1厘米的方木条，以此为枕木，将培养基试管取出，管口一端靠在方木条上，试管内培养基就自然成倾斜状，以斜面底部刚至管底，上端距棉塞2～3厘米为宜，切勿使培

图4-12　斜面培养基制作

养基与棉塞接触（图4-12）。在尚未凝固之前不要移动培养基试管，否则会造成培养基斜面变形。

（7）培养基无菌检验技术规程　制作好的培养基，在20℃以上放置3天后，培养基表面没有细菌等出现后，表明培养基已灭菌彻底，方可使用。

2. 扩大繁殖技术规程

（1）转接菌种技术规程　在超净工作台，或接种室，或接种箱内，酒精灯火焰旁进行转接菌种操作。首先将接种钩用75％酒精棉球擦洗灭菌处理后，再在酒精灯火焰上灼烧灭菌冷却后，钩取菌种。左手握着1支母种和1支待接种的培养基，轻轻旋转棉塞取下，放在右手指缝间夹着，试管口放置在酒精灯火焰旁。用接种钩将菌种分割成小块，大小如绿豆大，挑取一块带培养基的菌种，放在斜面培养基中部，塞上棉塞。再换另一支试管培养基进行接种。一般1支母种可转接80～100支菌种，接种后，须在试管上贴标签。

（2）培养发菌技术规程　将菌种装入筐内或捆成把放入恒温培养箱内，或培养室内。保持在适宜的温度下，遮光培养发菌；当菌丝体生长布满培养基后，即用于繁殖原种。

(二)原种生产技术规程

1. 培养基制作技术规程

(1)培养基配方

配方 1　发酵棉籽壳 86%,麸皮 10%,石膏 1%,石灰 3%,含水量 60%~65%。

配方 2　发酵玉米芯 88%,麸皮 10%,石膏 1%,石灰 1%,含水量 60%~65%。

配方 3　棉籽壳菌渣 56%,棉籽壳 20%,麸皮 20%,石膏 1%,石灰 3%,含水量 60%~65%。

(2)培养基制作技术规程　主料须事先堆积发酵后使用。先将主料和辅料干混拌匀,再加入水(料水比 1:1.1~1.2)拌匀,蔗糖要溶解于水中拌入培养料,利用机械或人工充分拌匀培养。拌匀的培养料要求干湿均匀,手握料时无水滴出,手指缝间可见水印。使用发酵料和玉米芯的培养料,要堆放 1 天后再装瓶,使培养料充分吸水湿透后再装瓶。配制好培养料要及时装瓶,防止培养料中细菌大量繁殖,造成灭菌不彻底。

2. 装瓶技术规程

将瓶子平放在地面上,再将培养料铺放在瓶口上,用木板来回推动,使培养料落入瓶内,然后,再用手补添培养料装紧,用手指压实压平整表层料,装料至瓶颈部位。装入的培养料要求松紧适度,装料过松易失水干燥,装料过紧,通透性差,菌丝生长速度减慢。装好培养料后,用木棒在料中央打孔至瓶底。最后,用清水洗净瓶口内壁和瓶外壁上的培养料。瓶口上用聚丙烯塑料薄膜封口,或者用棉塞封口。装好培养料的料瓶要及时进行灭菌处理,避免料中细菌繁殖,造成灭菌不彻底,影响菌种质量(图 4-13)。

图 4-13 装瓶操作

1.装瓶 2.封口

3.灭菌技术规程 生产原种的料瓶最好在高压蒸汽锅内灭菌,在高温下,才能灭菌彻底,并且菌丝生长浓密,整齐。但也可在土蒸灶内灭菌。高压蒸汽灭菌的操作方法是:将料瓶放入灭菌锅内,在 0.05 兆帕压力下,排放 2 次气后,再在 0.2 兆帕下,保持 2～3 小时进行灭菌。若在土蒸灶内灭菌时,保持 100℃ 左右下灭菌 12～13 小时。

4.冷却技术规程 灭菌的料瓶,须冷却至 35℃ 以下,才能接种。否则,菌种会被高温烧死。冷却在专门的冷却室内进行;或者在接种室和接种箱内进行。

5.接种场所的消毒技术规程 接种操作须在接种箱或接种室内进行。首先将灭了菌的料瓶移入接种场所内,然后,用气雾消毒盒点燃熏蒸灭菌,或者用甲醛与高锰酸钾混合后产生气体进行熏蒸灭菌,灭菌处理 1～2 小时。接种锄用 75% 酒精擦洗灭菌后,再在酒精灯火焰上灼烧灭菌冷却后使用。

6.接种操作技术规程 将料瓶倾斜放在支架上,去掉封口物,使瓶口位于酒精灯火焰旁。将母种分割成 4～5 块,钩入瓶口,并稍压菌种,使菌种与培养料充分接触,然后,迅速封盖好瓶口。

7. 培养发菌技术规程

(1)培养室的消毒与杀虫处理　培养室在使用之前,喷洒杀虫剂和灭菌药杀灭害虫和清除杂菌。

(2)排放菌种瓶　将接上菌种的瓶子直立排放在培养架上,不可横卧排放,否则菌种会离开培养料,萌发后无法吃料生长。

(3)培养室环境条件控制　培养期间,环境条件要求遮光,干燥,空气相对湿度在80%以下,通风良好,温度控制在25℃左右下培养。

(4)菌种检测　培养5～10天,检查菌种中有无杂菌感染和是否生长正常,及时清除感染杂菌的菌种和生长不良的菌种,防止鸡腿蘑菌丝覆盖杂菌而无法辨认。菌丝体长满瓶后,及时使用,防止长出子实体,或者菌种失水,而无法使用。

(三)栽培种生产技术规程

1. 培养基制作技术规程　培养基配方同栽培种。此外,栽培种还可使用麦粒、谷粒、高粱等来生产。

配方为:麦粒或谷粒或高粱98%,石膏2%。

2. 培养基配制技术规程　其他培养料的配制方法同原种。

麦粒培养基制作方法是:麦粒要求无虫害、霉变。先将麦粒放入水中,去除浮于水面的杂质和发育不良的秕粒。然后,放入锅内,加水,煮沸至麦粒内无白心,但又没有破裂为止,捞出沥水,摊开冷却晾干麦粒上水分。或者放入2%～3%石灰水中,在25℃以上的水温中浸泡6～8小时,然后,沥去水晾干水分。最后,拌入2%石膏粉,即可装瓶。

3. 装料技术规程 栽培种的装料,可用蘑菇专用瓶,或者 17 厘米×33 厘米,20～22 厘米×43～43 厘米等规格的聚乙烯塑料袋和聚丙烯塑料袋装料。但麦粒培养基最好使用 750 毫升的玻璃瓶或塑料瓶。

4. 灭菌操作技术规程 灭菌可在高压蒸汽锅内灭菌,也可在常压蒸汽灭菌灶内进行。灭菌方法同原种。

5. 接种操作技术规程 接种场所的消毒方法同原种。原种瓶表面用 75%酒精,或新洁尔灭等灭菌药进行灭菌处理,瓶口用 75%酒精擦洗后,再在酒精灯火焰上灼烧灭菌,并挖取表层菌种后,再将菌种挖取出来,放入料瓶内,稍压实,使其与培养料充分接触,并且菌种要完全覆盖培养料。

6. 培养管理技术规程 培养室的消毒与杀虫处理同原种。将瓶装栽培种直立排放在培养架上,或者横卧排放在地面上。袋装菌种排放方式与气温有关,气温低于 20℃时,将菌袋排放在床架上,或者地面上,在地面上排放 5～6 层菌袋;当气温高于 25℃时,应采取"井"字形排放菌袋。培养温度控制在 25℃～28℃。菌丝长满瓶或袋后,及时使用。不能及时使用的,须在 4℃～6℃条件下贮藏,防止菌种失水,或者出菇。

五、菌种质量要求

菌种质量直接关系到有无收获,以及收多少和产品质量,俗话说"有收无收在于种,收多收少在于种"。衡量菌种质量优劣的指标主要有 3 个方面:种性、活力、纯度。种性是由品种遗传特性决定的,种性包括菌丝形态、生长温度范围、pH 值、光照、水分,以及子实体形态、产量、温型和抗逆性等。

(一)母种的质量要求

1. 感官要求　鸡腿蘑菌种母种的感官要求应符合表4-2规定。

表4-2　母种感官要求

项　目		要　求
容　器		完整、无损
棉塞或无棉塑料盖		干燥、洁净、松紧适度,能满足透气和滤菌要求
培养基灌入量		试管总容积的1/5～1/4
斜面长度		顶端距棉塞40～50毫米
接种块大小(接种量)		3～5毫米×3～5毫米
菌丝外观	菌丝生长量	长满斜面
	菌丝体特征	白色、浓密、旺健、棉毛状
	菌丝体表面	均匀、舒展、旺健、无角变
	菌丝分泌物	无
	菌落边缘	整齐
	杂菌菌落	无
斜面背面外观		培养基不干缩、颜色均匀,无暗斑,无色素
气　味		有鸡腿蘑菌种特有的清香味,无酸、臭、霉等异味

2. 微生物学要求　鸡腿蘑母种微生物学要求应符合表4-3规定。

表4-3　母种微生物学要求

项　目	要　求
菌丝生长状态	粗壮、丰满、均匀
锁状联合	有
分生孢子	无
杂　菌	无

3. 菌丝生长速度　鸡腿蘑类品种在适温 25℃±2℃ 条件下，8～10 天长满斜面。

(二)原　种

1. 感官要求　原种的感官要求应符合表 4-4 中的规定。

表 4-4　原种感官要求

项　目		要　求
容器		完整、无损
棉塞或无棉塑料盖		干燥、洁净、松紧适度，能满足透气和滤菌要求
培养基上表面距瓶(袋)口的距离		50 毫米±5 毫米
接种量(每支母种接原种数，接种量大小)		4～6 瓶(袋)，≥12 毫米×15 毫米
菌种外观	菌丝生长量	长满容器
	菌丝体特征	灰白色、浓密、生长旺健
	培养物表面菌丝体	生长均匀，无角变，无高温抑制线
	培养基及菌丝体	紧贴瓶壁，无干缩
	培养物表面分泌物	无，允许有少量无色或浅黄色水珠
	杂菌菌落	无
	拮抗现象	无
	子实体原基	无
气　味		有鸡腿蘑菌种特有的清香味，无酸、臭、霉等异味

2. 微生物学要求　应符合母种微生物学要求。

3. 菌丝生长速度　在 25℃±1℃ 条件下，40～45 天长满容器。

(三)栽培种

1. 感官要求 鸡腿蘑栽培种的感官要求应符合表 4-5 中的规定。

表 4-5　栽培种的感官要求

项　目		要　求
容　器		完整、无损
棉塞或无棉塑料盖		干燥、洁净、松紧适度，能满足透气和滤菌要求
培养基上表面距瓶(袋)口的距离		50 毫米±5 毫米
接种量：每瓶(袋)原种接栽培种数		4～6 瓶(袋)，≥12 毫米×15 毫米
菌种外观	菌丝生长量	长满容器
	菌丝体特征	灰白色，浓密，生长旺健
	培养物表面菌丝体	生长均匀，无角变，无高温抑制线
	培养基及菌丝体	紧贴瓶壁，无干缩
	培养物表面分泌物	无，允许有少量无色或浅黄色水珠
	杂菌菌落	无
	拮抗现象	无
	子实体原基	无
气　味		有鸡腿蘑菌种特有的清香味，无酸、臭、霉等异味

2. 微生物学要求 应符合母种的微生物学要求。

3. 菌丝生长速度 在适温 25℃±1℃条件下，在谷粒培养基上长满瓶应 20 天，长满袋应 30 天；在其他培养基上长满瓶应 30～35 天，长满袋 40～45 天。

六、菌种的包装、标签、标志、包装运输、贮存要求

(一)包 装

1. 母种 母种内包装用报纸或其他干燥、无霉变纸包裹,外包装用木盒或有足够强度的纸材制作的纸箱,或泡沫箱;内部用棉花、碎纸、报纸、泡沫等具有缓冲作用的轻质材料填满。

2. 原种和栽培种 外包装采用有足够强度的纸材制作纸箱;内用碎纸、报纸等具有缓冲作用的轻质材料填满,用打包带捆扎好。

(二)标 签

每支(瓶、袋)菌种要贴有清晰注明以下要素的标签:产品名(如:鸡腿蘑母种);品种名称(如:川鸡菇1号);生产单位(如:四川金地菌类有限责任公司);接种日期(如2007.4.20);执行标准。

(三)包装标签

每箱(盒)菌种必须贴有清晰注明以下要素的包装标签:产品名称;品种名称;厂名,厂址、联系电话;出厂日期;保质期,贮存条件;数量;执行标准。

(四)包装贮运图示

按 GB/T 191 规定,应注明以下图示标志:小心轻放标

志;防水、防潮、防冻标志;防晒、防高温标志;防止倒置标志;防止重压标志。

七、菌种质量检验

(一)菌种质量检验标准

菌种标准是菌种质量的主要依据。目前,我国已颁布了NY/T 528《食用菌 菌种生产技术规程》,NY/T 1097-2006《食用菌菌种真实性鉴定 酯酶同工酶电泳方法》,以及即将颁布的《食用菌品种真实性鉴定 随机扩增多态性 DNA 法》等。

(二)菌种质量检验方法

1. 菌种感官检验

(1)母种 母种的感官检验项目包括容器、棉塞、斜面长度、菌丝生长量、斜面背面外观、菌丝体特征、培养基上表面距瓶(袋)上的距离、分泌物、杂菌菌落、子实体原基、拮抗现象和角变。

①容器 观察试管有无破损,是否洁净。

②棉塞 观察试管内棉塞上是否有真菌。松紧度以手提棉塞是否脱落判定,脱落者为不合格;塞入试管内棉塞达到1.5厘米,试管外露长度达到1厘米为合格。

③斜面长度 用游标卡尺测量斜面顶端距试管口的距离,斜面的距离为4~5厘米为合格,与棉塞接触为不合格。

④斜面背面外观 观察培养基是否与试管壁分离以及顶部是否萎缩。

⑤分泌物　鸡腿蘑类菌种无分泌物出现,有分泌物则为不合格。

⑥杂菌菌落　观察斜面顶端是否有真菌,有真菌的为不合格。

⑦拮抗现象和角变　从斜面正面和背面观察是否有拮抗现象,有拮抗现象则为不合格;从斜面正面观察菌丝体长势,出现浓密不均匀的角变现象,则为不合格。

(2)原种和栽培种

①容器　观察容器有无破损,外壁是否洁净,有破损和不洁净影响观察菌丝体的为不合格。

②封口物　封口物为棉塞的,观察有无真菌,松紧度以塞入不费力为合格,塞入容器内长度达到 2 厘米,外露长度达到 1 厘米为合格。用塑料薄膜和纸封口的,观察有无破损和真菌,无破损,无真菌的为合格。无棉塑料盖只检测洁净度。

③培养基上表面距瓶(袋)的距离　培养基上表面应与瓶(袋)口的距离为 3～5 厘米,与瓶(袋)口不足 3 厘米的则为不合格。

④菌种生长量　菌丝体已长满瓶(袋),同一品种同一批次的菌种,有的已满瓶(袋),有的生长量不足 1/2 的,则为不合格。

⑤杂菌菌落　观察瓶(袋)口、内部以及瓶口内壁上有无真菌,凡有真菌的,则为不合格。

⑥菌丝体特征　菌丝体具有本品种的外观特征,凡菌丝体发生明显变异的,则为不合格。

⑦拮抗现象　观察有无拮抗现象,凡出现拮抗现象的,则为不合格。

⑧培养基与菌丝体　观察有无干缩,培养基出现萎缩现象,凡出现有萎缩离壁的则为不合格。

⑨分泌物　无,或者有少许无色或黄色水珠;凡出现大量黄色水珠的,则为不合格。

⑩气味　在无菌条件下,去掉封口物,顺风鼻嗅,有鸡腿蘑特有的气味,无霉味和酸臭味的则为合格。

2. 菌丝形态特征　在干净载玻片上,滴1滴无菌水,取少量菌丝于水中,展开菌丝体,盖上盖玻片,在40倍物镜下观察菌丝形态,包括粗细,有无锁状联合,鸡腿蘑类品种应具有锁状联合,凡无锁状联合的,则为不合格。

3. 菌种活力检测　菌种活力检测是对菌种是否死亡的判断。

检测方法:将母种、原种和栽培种的菌种,取不同部位的菌种转接在PDA培养基上,在25℃下培养,5天后观察菌种是否萌发生长,凡不萌发生长的则为不合格。或者从原种和栽培种中取出部分菌种,装入无菌塑料袋内,或无菌培养皿内,密封,在25℃左右下,放置5天观察菌种是否萌发,凡是不萌发的,则为不合格。

4. 菌种纯度测定　检测菌种是否含有杂菌,用于生产的菌种,要求不含有任何杂菌。

(1)真菌检验　从母种、原种和栽培种中,取上、中、下部菌种,在无菌条件下,接在PDA培养基上,在25℃~28℃下培养,5天后,取出在光照充足条件下观察,凡与鸡腿蘑菌种完全不同,或者表面有红色、灰绿色、黄色或黑色分生孢子出现的,则为不合格。

(2)细菌检验　从母种、原种和栽培种中,取上、中、下部菌种,在无菌条件下,接种在PDA培养基上,在25℃~28℃下培养,5天后取出,在光照充足条件下观察。凡有糊状的细菌菌落出现的,则为不合格。

5. 菌种的真实性鉴定　在菌种生产和流通中,出现菌种混乱现象在生产上造成较大损失,如将毛木耳菌种当作鸡腿蘑菌种,将低温型品种当作高温型品种,造成同名异种。为了确保用于生产的品种无误,须对使用的菌种真实性进行鉴定。

（1）拮抗试验　拮抗试验又叫对峙培养,是根据不同品种之内,以及不同菌株之内都会出现拮抗现象,如鸡腿蘑与香菇,鸡腿蘑1号与鸡腿蘑2号等之间均会出现拮抗现象。拮抗试验方法是:取待测菌种与留样菌种,或者怀疑菌种,分别接种在PDA斜面培养基上,或PDA平板培养基上,在25℃左右下培养,待菌丝生长相互接触后,再在300勒光照下放置一定时间,观察接触部位有无栅栏线出现,凡有栅栏线出现的,则为不同品种或菌株。

（2）酯酶同工酶图谱和DNA指纹鉴定　我国已颁布了《食用菌菌种真实性鉴定　酯酶同工酶电泳方法》NY/T 1097－2006,以及即将颁布的《食用菌品种真实性鉴定　随机扩增多态性DNA法》,这两个标准可用于菌种和品种真实性进行鉴定。随着分子生物学技术的发展,可用于菌种和品种真实性鉴定的方法较多,如AFLP(扩增性片段长度多态性)、SCAR(锚定序列引物扩增反应)、ISSR(内部简单重复序列)、SRAP(相关序列扩增多态性)和IGS2序列等。此外,酯酶同工酶图谱和DNA指纹图谱已可用于菌种纯度、菌株亲缘关系和分类地位的确定。

八 菌种保藏与贮藏技术规程

(一)菌种保藏技术规程

1. 菌种保藏的目的　菌种保藏的目的是防止菌种退化、死亡以及感染杂菌和病菌。保藏菌种的原理是通过低温、缺氧、避光及缺乏营养等方法,使菌种的代谢水平降低,甚至完全停止,达到半休眠或完全休眠状态,而在一定时间内得以保存。在需要时,再通过提供适宜生长条件使其恢复活力,并仍然保持原有的生命力与优良特性。

2. 常用的保藏技术规程

(1)斜面低温保藏技术规程　是将母种放入冰箱内,4℃～6℃下进行保藏的方法。培养基应制成短斜面状,试管口用棉塞封着,若用带孔的橡胶塞(孔用棉花堵着),或者硅胶塞封口,方可减缓培养基失水,从而延长保藏期。但须每隔3～6个月转接培养1次,取长势良好的菌种再进行保藏。

(2)液状石蜡保藏技术规程　液状石蜡须在高压蒸汽锅内灭菌1小时后,再在烘烤箱内去除水分后使用。将液状石蜡加入斜面培养基上培养好的菌种中,使液状石蜡液面高出斜面培养基1厘米左右。管口用橡胶塞堵着,直立放置在室温下保藏,可保藏2～10年。使用时取出菌种转接培养,由于刚转接的菌种上带有石蜡,菌丝生长弱,须多次切取前端菌丝转接培养后,方能恢复正常。

(3)固体培养物保藏技术规程

①发酵棉籽壳培养基保藏技术规程　培养基为发酵棉籽壳78%,麸皮20%,石膏1%,蔗糖1%,含水量60%。拌匀培

养料后,装入试管内,用塑料薄膜封口,经高压灭菌 1 小时,接入菌种,再改用棉塞封口,在适温下培养,让菌丝体长满培养料,或距底部约 1 厘米时进行保藏;若将棉塞换成灭菌过的带孔的橡胶塞或者硅胶塞,可减慢水分蒸发,延长保藏期。将菌种置于冰箱内 4℃～6℃条件下贮藏。

②麦粒菌种保藏技术规程　此方法是用麦粒作培养基保藏的方法,可保藏 1～4 年。首先将小麦粒用水浸泡 6～8 小时,或者煮至熟而不破裂为止,捞出沥去水后,拌入 2% 石膏粉,装入试管内,在 0.147 兆帕压力下灭菌 1 小时。然后接入菌种,在适温下培养,让菌种长满麦粒,然后,在冰箱内或室温下贮藏。

(4)液氮超低温保藏技术规程　液氮超低温保藏法是将菌种装入含有冷冻保护剂的塑料管内,然后置于液氮(－196℃)中进行保藏,使菌种代谢降低到完全停止状态。该种保藏法可保藏数十年,是菌种长期保藏的最有效、最可靠的方法。

①菌种准备　在 PDA 培养基平板上接种,在 25℃下培养 10～15 天,让菌丝充分生长后,用打孔器(直径 2～4 毫米)切割菌种块。

②塑料管准备　塑料管是带盖的专用塑料管,经高压蒸汽灭菌(121℃)30～40 分钟,并在烘箱内 60℃下烘干后使用。

③保护剂　用 10% 的甘油水溶液或 10% 二甲基亚砜水溶液作为冷冻保护剂。将冷冻保护剂经高压灭菌后,分装入保藏管内,在无菌条件下,将菌种块放入装有保护剂的塑料管内,封盖好管口。

④液氮保藏　将装有菌种的塑料管放在用铝材制作的槽内,由下至上依次装入槽内,并做好标记。然后,进行程序降

温,在 5℃ 下处理 15 小时,再以每分钟 −1℃ 降温至 −40℃ 后,将其置入液氮灌中的液氮内进行长期保存。在保藏期间,随时补充液氮,防止液氮减少。

⑤启用方法　启用菌种时,先将菌种管置于 35℃～40℃ 温水中,使管内冰块迅速融解,在无菌条件下,取出菌种块移植在 PDA 培养基上,在 25℃ 下培养活化。

(二)菌种留样贮藏技术规程

1. 留样的目的　按照《食用菌菌种生产技术规程(NY/T 528)》的规定,各级菌种都要留样备查,数量应每个批号母种 3～5 支(瓶、袋),于 4℃～6℃ 下贮存,母种 5 个月,原种 4 个月,栽培种 2 个月。留样的菌种应在第一潮菇长出后,使用者无异议时,才可终止留样。

2. 留样贮藏技术规程　留样的母种放入冰箱内 4℃～6℃ 条件下贮存。原种和栽培种放入冷藏柜内或者置于室内 4℃～10℃ 条件下贮存。在贮存期内,要防止出菇和菌种死亡。

九、菌种生产和经营

(一)菌种生产经营要求

根据食用菌菌种管理办法,从事菌种生产经营的单位和个人,应当取得《食用菌菌种生产经营许可证》。母种和原种《食用菌菌种生产许可证》由所在地县级人民政府农业行政主管部门审核,省级人民政府行政主管部门核实,报农业部备案。栽培种《食用菌菌种生产经营许可证》由所在县级人民政府农业行政主管部门核实,报省级人民政府农业行政主管部门备案。

(二)菌种生产经营应具备的条件

1. 生产经营母种和原种应具备的条件 生产经营母种注册资本 100 万元以上,生产经营原种注册资本 50 万元以上;须配备由省级人民政府农业行政主管部门考核合格的检验人员 1 名以上,生产技术人员 2 名以上;有相应的灭菌、培养、贮存等设备和场所,有相应的质量检验仪器和设施。生产母种还应当有做出菇试验所需的设备和场所;生产场地环境卫生及其他条件符合农业部《食用菌菌种生产技术规程》的要求。

2. 生产经营栽培种应具备的条件 注册资本 10 万元以上;省级人民政府农业主管部门考核合格的检验人员 1 名以上,生产技术人员 1 名以上;有必要的灭菌、接种、培养、贮存等设备和场所,有必要的质量检验仪器和设施;栽培种生产场地的环境卫生及其他条件应符合农业部 NY/T 528《食用菌菌种生产技术规程》的要求。

第五章　栽培设施及设备标准

一、场地环境标准

(一)生产环境标准

1. 水　栽培鸡腿蘑需要大量的水,包括配制培养料用水和出菇期间保湿用水,水中是否含有有毒有害物质,直接关系到鸡腿蘑产品的质量。因此,生产用水应符合国家 GB 5749－85《生活饮用水卫生标准》的要求(表 5-1)。

表 5-1　生活饮用水卫生标准

项　目	指　标
色	色度不超过 15 度,并不得呈现其他异色
浑浊度	不超过 3 度,特殊情况不超过 5 度
臭和味	不得有异臭、异味
肉眼可见物	不得含有
pH 值	6.5～8.5
总硬度(以碳酸钙计)	≤450 毫克/升
铁	≤0.3 毫克/升
锰	≤0.1 毫克/升
铜	≤1.0 毫克/升
锌	≤1.0 毫克/升
挥发酚类(以苯酚计)	≤0.002 毫克/升

项　目	指　标
阴离子合成洗涤剂	≤0.3 毫克/升
硫酸盐	≤250 毫克/升
氯化物	≤250 毫克/升
溶解性总固体	≤1000 毫克/升
氟化物	≤1.0 毫克/升
氰化物	≤0.05 毫克/升
砷	≤0.05 毫克/升
硒	≤0.01 毫克/升
汞	≤0.001 毫克/升
镉	≤0.01 毫克/升
铬（六价）	≤0.05 毫克/升
铅	≤0.05 毫克/升
银	≤0.05 毫克/升
硝酸盐（以氮计）	≤20 毫克/升
氯仿	≤0.06 毫克/升
四氯化碳	≤0.003 毫克/升
苯并[a]芘	≤0.01 毫克/升
细菌总数	≤100 个/毫升
总大肠杆菌	≤3 个/升
游离余氯	不低于 0.3 毫克/升，管网末梢不低于 0.05 毫克/升

2. 空气　鸡腿蘑生产环境空气也是对产品污染的因素之一，鸡腿蘑在生产过程中需要吸收氧气，排出二氧化碳，空气污染物可被鸡腿蘑子实体吸收富集，因此，产地的大气应符合《绿色食品产地环境技术条件》NY/T 391－2000 中空气环

境质量要求(表5-2)。

表 5-2　空气中各项污染物的指标要求

项　目	指　标	
	日平均	1 小时平均
总悬浮颗粒物(TSP),毫克/米³	≤0.30	—
二氧化硫,毫克/米³	≤0.15	≤0.5
氮氧化物,毫克/米³	≤0.10	≤0.15
氟化物(F),微克/米³	≤7	≤20

3. 土壤　在鸡腿蘑生产过程中,有时进行覆盖土壤栽培,鸡腿蘑菌丝可以在土壤中吸收养分和水分生长;同时,也可从土壤中吸取有毒有害物质,最终富集在子实体内。因此,土壤质量应符合《绿色食品产地环境技术条件》中土壤环境质量要求(NY/T 391－2000),如表5-3所示。

表 5-3　土壤中各项污染物的指标要求

项　目	耕作条件					
	旱田指标			水田指标		
pH 值	<6.5	6.5～7.5	>7.5	<6.5	6.5～7.5	>7.5
镉,毫克/千克 ≤	0.30	0.30	0.40	0.30	0.30	0.40
汞,毫克/千克 ≤	0.25	0.30	0.35	0.30	0.40	0.40
砷,毫克/千克 ≤	25	20	20	20	20	15
铅,毫克/千克 ≤	50	50	50	50	50	50
铬,毫克/千克 ≤	120	120	120	120	120	120
铜,毫克/千克 ≤	50	60	60	50	60	60

(二)生产环境选择

1. 场地周边的环境选择　生产场地周边环境的地势、卫生状况、污染源的有无等综合环境质量,直接影响着鸡腿蘑产品质量。因此,选择一个良好的环境条件是生产出无公害鸡腿蘑的关键。

(1)地势　鸡腿蘑生产场地要求地势高,平坦、开阔,有利于排水防涝,控制杂菌,通风良好。

(2)环境选择　鸡腿蘑生产应选离可能造成污染的地方,周边环境应符合食品卫生要求,对人体健康无危害,没有污染源和虫源。要远离人口密集居民点和公路主干道,周边无垃圾堆放场、无禽畜场、堆肥场及产生化学污染的各类工厂等。

2. 场所内部环境　鸡腿蘑生产场地内部小环境对鸡腿蘑生长发育过程影响大。要求内部环境易调节温度,保湿,光照强,通风良好。营养良好的内部环境条件,有利于控制病虫害发生,减少农药使用量;还有利于提高产品产量和质量。内部环境与菇房的建造是分不开的,通过建造或选择适宜鸡腿蘑生长发育的菇房,是进行鸡腿蘑生产的关键。

二、标准化菇房与设施

(一)菇房结构与建造标准

1. 屋脊式草棚菇房标准

(1)规格标准　菇房为屋脊式,宽6~8米,长度因地势而异,中部高3.5~4米,两侧高1.6~1.8米。用竹竿或木材制作屋架,在房屋中央直立粗竹竿或木柱,高度为3.5~4米,相距 2 米直立 1 根,在两侧各直立两排立柱,立柱高度依次降低,纵向相距 2 米直立 1 根,横向相距 1.5～2 米直立 1 根。在顶部纵横交错地捆绑上竹竿,使之成为一个"人"字形屋架。

(2)建造规程 菇房用草帘(草帘用麦秸、稻草制作)或山上野草覆盖。或者先薄盖一层草帘后,再在其上盖上一层塑料薄膜,再盖上一层草帘,这样可防止漏雨和延长草帘的使用寿命。四周也用草帘围盖,或者用双层遮阳网围盖。在一端开门,门高为 1.8 米,宽 1.5 米。为了建造一个大型的菇房,可将一个一个菇房并排连接,中间不设围栏,这样便形成一个连体式大型菇房(图 5-1)。

图 5-1 屋脊式草棚菇房

2. 平顶式草棚菇房标准

(1)标准菇房 为长方体或正方体形,顶部为平顶。用竹竿或木柱制作屋架,菇房高为 2～3 米,长和宽因地势而定。纵向间隔 2 米直立 1 根立柱,横向间隔 1.5 米直立 1 根立柱,顶部纵横交错地排放竹竿,用铁丝固定。

（2）建造规程　在顶部和四周盖上草帘,草帘用稻草、麦秸或玉米秸秆制作。为了防止雨水进入菇房,可在顶部先盖上一层塑料薄膜后,再盖上草帘。

3. 水泥瓦菇房标准

（1）菇房标准　菇房为屋脊式,用竹竿或木柱制作菇房的屋架,顶部高为 3.5～4 米,两侧高为 1.8 米,宽为 6～8 米,长度因地势而异。

（2）建造规程　在菇房顶部盖上水泥瓦,四周直立排放水泥瓦用作围墙,在水泥瓦无法遮挡部位用草帘围盖。或者四周用双层遮阳网围盖。为了防止水泥瓦吸热升高菇房内温度,可在水泥瓦下面铺一层草帘来隔热。另外,可将几个水泥瓦直立并排连接形成 1 个大型菇房,相连接处不设围栏,并做一个引水槽将雨水排出室外。

4. 屋脊式遮阳网菇房标准

（1）菇房标准　菇房为屋脊式,中部高为 3 米,两侧高为 1.6 米,宽为 7 米,长度因地势而异。房屋顶部为"人"字形结构。

（2）建造规程　先在顶部盖上一层黑色塑料薄膜,再在其上盖上遮光率为 95% 以上的遮阳网,并用细竹竿捆夹着遮阳网,防止被风掀掉。四周用水泥瓦直立作围墙,或者用草帘围盖,也可用遮阳网围盖。将几个菇房并排连接形成 1 个大型菇房,面积可达 5 000 平方米。

5. 拱形遮阳网菇房标准

（1）菇房标准　顶部为弧形,下方为长方形。菇房高为 2.8 米,宽为 6 米,长度因地势而异。

（2）建造规程　预先制作好立柱和弧形钢筋,立柱为水泥柱,在水泥柱的一端预埋一个螺母;再制作一个跨度为 6 米的弧形钢筋,在钢筋两端焊接 1 个带圆孔方形钢板,孔径与螺母直径一致。在菇房的两侧相距2米直立水泥柱,水泥柱埋入土中的高度为0.8米,形成一排水泥柱,将弧形钢筋放在水泥柱上,两端上螺帽固定,在钢筋之间相距0.5米,放入用竹竿制作的弧形架,在两侧和中央各横放1根竹竿固定。然后,在顶部先盖上塑料薄膜,再在其上盖上遮光率为95%以上的遮阳网,四周用水泥瓦直立排放作围墙,或用草帘围盖(图5-2)。为了建造1个大面积的菇房,可将几个菇房并排连接,相交部位不设围栏。

图5-2 拱形遮阳网菇房

6.泡沫板菇房标准

(1)菇房标准 菇房分为拱形式和屋脊式2种。菇房宽为6米,顶部高为3米,两侧高为1.5米,长度因地势而异。

(2)建造规程 制作方法参照塑料大棚和屋脊草棚菇房。在菇房顶部盖上泡沫板,并用竹板捆夹固定,四周用双层遮阳网或草帘围盖。为了增加菇房的面积,可将几个菇房并排连接形成1个大型菇房。

7. 塑料大棚标准

(1)菇房标准 菇房宽为 5.5 米,长度因地势而异,中部高为 1.8 米。

(2)建造规程 先规划出菇房的位置,在两侧相距 50 厘米直立直径为 2～3 厘米的新鲜竹竿,将两侧的竹竿相向弯曲,在中央交接后用绳捆绑好,即形成 1 个拱形架,如此一排一排地制作好拱形架,在顶部和两侧放上横竿固定着拱形架,棚内中央相距 1.5 米直立竹竿支撑着棚架,增加其牢固性。另外,棚架可用铁管制作,这种棚架牢固性好,使用时间长。最后盖上宽为 8 米的黑色塑料薄膜,四周用土块压着(图 5-3)。并在菇房四周开好排水沟。在夏季高温季节,需在塑料大棚上盖上遮阳网或草帘来隔热降温。

图 5-3 塑料大棚

8. 日光温室大棚标准

(1)日光温室大棚标准　日光温室大棚规格为：长50～70米，宽6.5～8米。在北面砌砖墙，则可增加保温效果，在墙体上开通风窗口，东西两侧的墙高为2米，顶部为斜坡状。南面为塑料拱棚，其他部位为砖墙。

(2)建造规程　棚架用铁管或钢筋制作，一端固定在北墙上，另一端入土中，形成1个弧形棚架，相距1米排放棚架。再在棚架上均匀地排放3根横杆，固定好拱形架。盖上热合成整体的塑料薄膜，接触地面部位用土块压实。再在塑料薄膜上盖上编织好的草帘，将草帘用绳串联好便于收卷，一端固定在北墙上，另一端自然放下并可完全盖严塑料薄膜，在东面或西面做1扇"之"字形门。在白天卷起草帘露出塑料薄膜，让阳光照射升高棚内温度，夜间盖上草帘保温。

(二)菇房内部设施标准

在菇房内搭建床架进行立体栽培，可提高菇房的利用率。栽培床架结构多种多样，下面介绍几种常用的床架结构。

1. 竹竿床架　在菇房内搭建床架进行立体栽培，可提高菇房的利用率。栽培床架结构多种多样，床架用竹竿或木板制作，床架宽1米，高度2～2.5米，每层床架之间相距0.6米，床架与床架相距0.6米，用作人行道。在床架上铺上一层塑料膜或编织袋，其宽度为铺好后四周余0.3米宽，并将四周的塑料膜向上拉起，固定在边缘床架上，成为一个厢状，以阻挡覆盖的土壤向下掉。

2. 金属床架　床架规格同竹竿床架(图5-4)。金属床架结构牢固，使用寿命长。

图 5-4　金属床架

三、生产设备

(一)灭菌设备

灭菌设备分为高压蒸汽灭菌灶和常压蒸汽土蒸灶 2 种类型,生产上常用的为常压蒸汽土蒸灶,常压蒸汽土蒸灶容量大,制作成本低。现在已开发出了多种多样的常压蒸汽灭菌灶。

1. 油桶灭菌灶标准

(1)制作方法　选择 2 个完好无损的汽油桶,将 1 个桶的盖环割掉,另 1 个桶环割成 2 个,并去掉顶盖,整个灶由 1 个桶加另半个桶组成。在桶内放 1 张厚为 0.12 厘米,宽为 1 米的塑料薄膜,将塑料薄膜张开成桶状,并高出桶 1 米左右。用塑料薄膜来防止蒸汽逸出,升高温度进行灭菌。在桶0.25米处安装1个用钢筋制作的横隔,下层装水。加热装置可制作成烧散煤或烧蜂窝煤的灶,其中以烧蜂窝煤的灶操作方便,煤燃烧结束后,灭菌就结束。蜂窝煤灶的炉膛长和宽均为0.3米,高为0.48米,在距地面0.18米处安装炉桥,1次可装25个蜂窝煤。并在灶缘开2个通风口。放上油桶后即成为1个灭菌灶(图5-5)。

图 5-5 油桶灭菌灶示意

(2)操作技术规程 将料袋装入桶内,直立排放,一层一层地堆码,直到有半个料袋露出为止,共可装入80个料袋。最后用绳扎着塑料袋,但不要完全扎牢,留有1条小缝隙以便能排气。加热烧开桶内水产生蒸汽升高温度,当塑料薄膜被蒸汽胀鼓成气囊状时,表明温度已上升到100℃左右,此时,关闭通风口,降低火力,小火维持并一直保持塑料薄膜呈气囊状。当煤燃烧结束后,再闷半天或1夜,利用余热继续灭菌。

从开始点火到灭菌结束,需要 24 小时左右。

2. 砖制土蒸灶标准

(1)规格标准　单锅灶的灶体长和宽均为 1.5 米,高为 2 米,灶内安装 1 个口径为 1 米的铁锅。双锅灶是指灶内并排两口直径为 1 米的铁锅,长为 3 米,宽 2 米,高为 2 米。

(2)制作方法　灶体用砖砌制而成,并且在内、外壁上都抹上水泥沙浆,要求内壁光滑。双锅灶内双锅之间设置 1 个水槽,使两锅水互相流通。另外,须在灶外侧,即在烟道与灶体之间设置 1 个热水池,热水池用小铁锅制作,口径为 0.5 米,四周用砖制 1 个边框,形成 1 个热水池,在灶体内与热水池之间安装 1 根铁管,便于向灶内锅中补充热水,防止水被烧干后烧坏铁锅。在灶体一侧开 1 个门,门的大小以能对角线放入铁锅为宜,以便更换被烧坏了的铁锅。门也不宜过大,否则不易密封。在距底部 0.4 米处开门,门高为 1.2 米,宽为 0.5 米。门框边缘向内凹进 4 厘米,边缘要求呈水平状且光滑,便于门与门框紧贴漏气量少。在门的两侧均匀地各安装 3 个钢筋环,直径为 7～8 厘米,用于上木棒加木楔扣紧门板。门板用木板制作,在内侧贴上塑料薄膜,并在中央开 1 个插入温度计的小孔。在灶体内卧放 2 块砖,放上木板作横隔,在横隔上排放料袋。炉膛制作成烧煤的灶,要求煤燃烧时火力大。

(3)操作技术规程　灭菌时,将料袋整齐地一层一层地堆码在灶内,每排料袋之间留缝隙以利于蒸汽流通。当温度上升到 100℃ 左右时,在此温度下保持 13～15 小时,再闷 1 夜后,开门取出料袋。

3. 小型钢板灭菌灶标准

(1)规格标准　灶体规格为高 2.2 米,长和宽均为 1.3 米。在一侧开 1 扇宽为 0.6 米,高为 1.2 米的门。

（2）制作方法　用钢板焊接制作，以蜂窝煤作燃料。在灶内距底部30厘米处，焊接一圈角钢，用于排放木板作横隔。底层钢板厚为0.5厘米，其余部位的钢板厚为0.3～0.4厘米。在横隔两侧各排放1根带小孔的铁管，并一端伸出灶体外，安装上阀门，用作排气之用。门边缘焊一圈角钢，并焊接上螺母。门也用钢板制作，在门边缘开圆孔，与螺母相对应，便于将门扣上后用螺帽扣紧（图5-6）。炉膛制作成烧蜂窝煤或散煤。以烧蜂窝煤的炉膛为好，使用方便。烧普通煤的灶膛同土蒸灶。用蜂窝煤作燃料的灶，用1个煤车装煤燃烧，煤车底部为炉桥，四周用铁板制作，在下方四角安上铁环作轮子，煤车长0.85米，宽0.75米，高度为0.4米，1次可装148块大号蜂窝煤，煤车装煤后，煤顶部距灶体的高度为3厘米左右。

图5-6　小型钢板灭菌灶

（3）操作技术规程　　灭菌时，在灶体内装足水，使水面距槽隔约 5 厘米。然后整齐地排放料袋，1 次可装料袋 500 个。关门后，送入点燃了几个煤块的煤车。当灶内水被烧开，打开排气门有大量蒸汽出现时，用铁板挡着炉膛口，小火维持保温。若排气门关闭较严不漏气时，应微开启排气门，让部分气体排出，防止产生高压，胀破灶体。煤燃烧结束后，再闷 1 夜或半天后取出料袋。

4. 大型钢板灭菌灶标准

（1）规格标准　　灶体长 3 米，宽 1.8 米，高 2.4 米，或长为 3 米，宽为 2 米，高为 2 米等不同规格的灶体。灶体内底层为盛水槽，在距底部 0.3 米处安装横隔。在一侧中央开 1 扇门，一端安装 1 个进水管，另一端安装 1 个水位管，水位管距底部 0.1 米左右，在水位管上连接一根透明的塑料管竖直起来，通过塑料管内水位来判断灶体内水量。加热装置为燃煤的灶，一端为燃烧煤的炉膛，另一端设置烟道（图 5-7）。

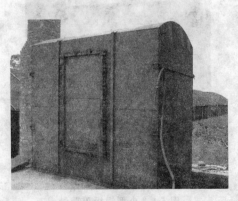

图 5-7　　大型钢板灭菌灶

(2)制作方法　同小型钢板灭菌灶。

(3)操作技术规程　同小型钢板灭菌灶。

5. 开放式船形灭菌灶标准

(1)规格标准　灶体长为 2.5 米,宽为 1.8 米,高为 0.6 米。

(2)制作方法　灶体用钢板制作,底层钢板厚为 0.5～0.8 厘米,四周钢板厚为 0.3～0.4 厘米。在距底部 0.4 米处设置横隔,横隔支撑架用铁管制作,间隔 0.3 米排放 1 根,在中央直立铁管支撑。靠两边的铁管兼作排气管,在铁管上开数个小孔,一端延伸出灶体并安装上阀门。在一侧安装 1 个进水管。灶体四边设置平台,平台与灶体呈 45°倾斜,宽为 0.4 米。在灶体四周内壁焊接 1 个短铁管,间隔 0.3 米 1 个,用于竖立高为 1 米的铁管。另外,在平台下方焊接铁钩,用于拴绳(图 5-8)。燃烧装置设计为烧蜂窝煤的灶。用砖墙将灶体支撑起来,使灶体距地面的高度为 0.7 米,三面为砖墙,中间用砖墙分隔成 2 个炉膛。用两个煤车装蜂窝煤,每个煤车内装 200 块煤。煤车底部为炉桥,四周用铁板制作,四个角上安装铁环作轮子。煤车长为 1 米,宽为 1 米,高为 0.45 米。

图 5-8　开放式船形灭菌灶

（3）操作技术规程　装袋灭菌时,在灶内装 30 厘米深的水。在铁管上排放木板,四周直立 1.5 米高的铁管。将料袋整齐地码好,并使顶部料袋高于铁管并呈龟背形（图 5-9）。用一张厚为 0.12 厘米,宽为 8 米的塑料薄膜覆盖,再在其上盖上彩色薄膜,

图 5-9　装　灶

四周平台上用沙袋压紧塑料薄膜,要求压紧压实。然后用绳纵横交错地捆绑好,防止蒸汽掀开塑料薄膜。在煤车内放

图 5-10　灭菌操作

置几块点燃的煤后,送入灶膛内,当煤完全燃烧起来,烧开水产生大量蒸汽,并使塑料薄膜鼓胀似气囊状时,用铁板遮挡煤车入口处,减少通风量,小火维持（图 5-10）。当煤燃烧结束,塑料薄膜不再呈气囊状时,再闷 1 夜或半天后取出料袋,从灭菌开始到结束,需要 24 小时左右。

6. 外源蒸汽式灭菌灶标准

（1）蒸汽发生装置标准　用铁柜装水烧开产生蒸汽供灭菌之用。铁柜长 1.5 米,宽 1 米,高 0.55 米,铁柜用钢板焊

制,在顶部安装1根铁管用作输送蒸汽,一侧距底部0.1米处安装1根铁管作进水管,并兼作水位管。将铁柜置于砖墙上,距地面高为0.4米,三面为墙。另外,制作1个煤车,煤车长1.3米,宽0.9米,高0.3米,在煤车内装蜂窝煤250块左右进行灭菌(图5-11)。

图 5-11　外源蒸汽式灭菌灶

(2)灭菌场所标准　灭菌室是在地面上建造,选择一个地势平坦的场地作堆码料袋灭菌的场所。先在地面上四周和中央砌砖作横隔的支脚,高度为两块砖的厚度。然后排放上粗竹竿或木板,再铺上编织袋,形成一个平台(图5-12)。最后排放料袋,将料袋顶部排放成龟背形,再用1张厚为0.12厘米塑料薄膜和1张彩条薄膜覆盖,四周用沙袋压实。用塑料管连接在排气管上,将塑料管的另一端,伸入堆料袋的平台下方,送入蒸汽产生100℃左右的高温进行灭菌。灭菌室的大小根据料袋的多少而异,可设计为长×宽为3.5米×2.3米,

1次可灭菌 1 000～2 000 个料袋。此外，还可用钢筋制作 1个框架，在框内装料袋进行灭菌。

图 5-12　灭菌场所

（3）操作技术规程　同开放式船形灭菌灶。

7. 油桶供气灭菌灶标准

（1）油桶产气设备标准　用 3 个汽油桶制作，将 2 个汽油桶并排放置在炉灶上，再在 2 个汽油桶上放置 1 个汽油桶，下面 2 个汽油桶装水供产生蒸汽用，上面 1 个汽油桶装水向下面 2 个汽油桶内补充热水，下面 2 个汽油桶各安装 1 根排气管和 1 根进水管，上面汽油桶上各安装 1 根排水管和进水管。或者将 3 个油桶并排作产生蒸汽的装置（图 5-13）。炉灶制作成以散煤或蜂窝煤作燃料的灶。其中以蜂窝煤作燃料的炉灶，操作方便，在煤车内 1 次装 250 块煤，煤燃烧结束后，即灭菌结束。

图 5-13　蒸汽发生设备

(2)灭菌室标准　在油桶灶旁边平整地面上,制作灭菌室,先在地面上铺层砖,再在砖上排放竹竿或木棒,然后铺上一层编织袋;或者用钢材制作框架,中间设置横隔。灭菌室规格为长 3.5～4 米,宽 2.5～3 米。将料袋整齐堆码起来,顶部堆码成龟背形。最后盖上 1 张塑料薄膜和 1 张彩条塑料薄膜,四周用沙袋压实,防止蒸汽大量排出。

(3)操作技术规程　灭菌时,将输送蒸汽的塑料管伸入灭菌室料袋横隔底部,当塑料薄膜鼓胀呈气囊状时,保持 15～18 小时,在灭菌期间,塑料薄膜鼓胀似气囊状时,小火维持始终保持其似气囊状,即温度可达到 100℃ 左右。煤燃烧结束后,再闷半天或 1 夜后取出。

(二)装袋设备

1. 拌料机

(1)过腹式拌料机 这种拌料机体积小,移动方便,是生产上常用的拌料机械(图 5-14)。其工作原理是利用高速旋转的叶片将培养料打散混合拌匀。拌料时,需先将干原料混合拌匀后,再加入所需水,然后铲取培养料倒入开启的拌料机内,通过高速旋转的叶片将培养料混合拌匀后排出,1 次没有拌匀的,须再拌 1 次,直到拌匀为止。此外,还可用来粉碎菌渣。

图 5-14 过腹式拌料机

(2)料槽式拌料机 这种拌料机是将培养料一并加入料槽内,开启电机利用旋转的叶片翻动拌匀培养料,再加入水搅拌混匀(图 5-15)。

图 5-15 料槽式拌料机

（3）其他拌料机 还可利用装袋机来拌料，即将先加水初混匀的培养料，倒入装袋机内通过旋转螺旋状轴的挤压作用将培养料拌匀。也可用水稻、小麦脱粒机来拌料，其操作方法同过腹式拌料机。

2. 装 袋 机

（1）简易式装袋机 简易式装袋机是利用电动机带动螺旋状轴将培养料从出料筒中排出进入塑料袋内的装袋方式（图 5-16）。有不同大小出料筒的装袋机，适宜不同规格的塑料袋装料，可用于折径为 15 厘米、17 厘米、20 厘米，22～23 厘米的塑料袋装料。有的装袋机可更换不同大小的料筒和螺旋状轴，以适应装袋的需要。

图 5-16 简易式装袋机

（2）冲压式装袋机　　冲压式装袋机是将培养料压入料筒内，然后进入出料筒内，利用向下的压力作用将培养料压入套在出料筒的塑料袋内（图 5-17）。这种装袋机还可与拌料机和输送培养料装置连接，进行全流程自动化作业。

图 5-17　冲压式装袋机

（三）接种设备

1. 接种箱　　接种箱体积小，密闭性能好，易灭菌彻底，并且操作人员接触消毒药物少，是食用菌生产中常用设备。根据体积大小分为单人接种箱和双人接种箱 2 种。箱体下半部分为长方体形，上半部分为梯形，上半部分两侧表面均为斜坡状，并安装玻璃窗，在两侧下半部位开伸入手操作的圆形孔，其方法同单人接种箱。箱体长 1.6 米，高 0.75 米，下半部分长 0.76 米,宽 0.5 米(图 5-18)。

图 5-18 接 种 箱

2. 接种室 接种室是一间专门用于接种的房屋。接种室体积不宜过大,以长 3～4 米,宽 2～3 米,高 2.5 米为宜。接种室分为内、外 2 部分,内为接种间,设置有操作平台;外为缓冲间,缓冲间宽为 1 米,入口处和内室的门要错向开,门为平行移动门。在室内和缓冲间均安装紫外线灯和日光灯。

3. 塑料薄膜接种罩

(1)规格标准 塑料薄膜接种罩为长方体或正方体的框架,宽为 2～3 米,长为 3～4 米,高为 1.8 米的框架。

(2)制作方法 用竹竿或木条制成 1 个长方体或正方体的框架,宽为 2～3 米,长为 3～4 米,高为 1.8 米。大小可根据接种量来决定,但也不宜太大,否则不易创造无菌环境。在框架上罩上 1 张无缝隙的塑料薄膜,四周用沙袋或木板压着塑料薄膜,即为一个接种罩。将接种罩放在干净的水泥地面上,若地面为土地面,应先在地面上铺上彩条编织布或较厚的干净塑料薄膜,才便于清除垃圾和进行消毒杀菌处理。

第六章 栽培原料、培养料配方及菌袋制作标准

一、栽培原料质量标准

(一)原料质量要求

栽培鸡腿蘑的原料分为主料、辅料以及化学添加剂。栽培原料中是否含有重金属、农药等,直接关系到鸡腿蘑产品质量。栽培鸡腿蘑主要原料有棉籽壳、玉米芯和农作物秸秆等。如果棉花和玉米芯在生产过程中使用农药,就会在棉籽壳和玉米芯中残留;若生产地土壤和水源重金属含量过高,或者施有含重金属多的肥料,也会富集在棉籽壳和玉米芯中,栽培鸡腿蘑时,就会在产品中出现农药和重金属残留。因此,在生产鸡腿蘑时,选用的原料应严格按《食用菌栽培基质安全技术要求(NY 5099-2002)》标准执行。

1. 主料 稻草、麦秸、玉米芯、玉米秸、高粱秸秆、棉籽壳、废棉、棉秸、豆秸、花生秸、甘蔗渣等农作物秸秆皮壳;糠醛渣、酒糟、醋糟。要求新鲜、洁净、干燥、无虫、无霉、无异味。

2. 辅料 麦麸、米糠、饼肥、玉米粉、大豆粉、腐熟的禽畜粪等。要求新鲜、洁净、干燥、无虫、无霉、无异味。

3. 化学添加剂 《食用菌栽培基质安全技术要求(NY 5009-2002)》中规定了常用化学添加剂、功效、用量和使用方法,如表6-1所示。

表 6-1　食用菌栽培基质常用化学添加剂种类、功效、用量和使用方法

添加剂种类	使用方法与用量
尿　素	补充氮源营养,0.1%～0.2%均匀拌入栽培基质中
硫 酸 铵	补充氮源营养,0.1%～0.2%均匀拌入栽培基质中
碳酸氢铵	补充氮源营养,0.2%～0.5%均匀拌入栽培基质中
氰氨化钙(石灰氮)	补充氮源和钙素,0.2%～0.5%均匀拌入栽培基质中
磷酸二氢钾	补充磷和钾,0.05%～0.2%均匀拌入栽培基质中
磷酸氢二钾	补充磷和钾,0.05%～0.2%均匀拌入栽培基质中
石　灰	补充钙素,1%～5%并有抑菌作用,均匀拌入栽培基质中
石　膏	补充钙和硫,1%～2%均匀拌入栽培基质中
碳 酸 钙	补充钙,0.5%～1%均匀拌入栽培基质中

(二)原材料堆放场所

1. 堆料场所要求　堆料场所是原材料贮备的场所。要求地势较高,通风良好,干燥,远离火源。堆料场所分为室外和室内 2 种。

2. 室外堆料场所　主要用于堆放木屑。将木屑堆放在室外,经过日晒、雨淋,自然发酵 3 个月以上,使木屑中单宁物质被淋脱,同时提高保水能力和降低木屑硬度。堆料场所要避免积水造成木屑流失。

3. 室内堆料场所　主要用于棉籽壳、玉米芯、作物秸秆粉、麸皮、玉米粉、米糠等。要求为水泥地面,防吸湿受潮,防雨淋湿,通风良好,远离火源,在堆料场所应配备灭火设备。不同的原材料应单独堆放,不同时间购置的原材料也要分开堆放。

(三)栽培原料与辅助材料

1. 原料准备　生产鸡腿蘑的原料主要为棉籽壳、棉渣、玉米芯和农作物秸秆等,其中以棉籽壳和玉米芯为好。主料须经短期堆积发酵处理后使用,没有经过发酵的原料,虽然可以栽培鸡腿蘑,但菌丝生长缓慢,延长生产周期。此外,还可使用以棉籽壳为主料栽培过金针菇、茶树菇和杏鲍菇等食用菌的菌渣来栽培鸡腿蘑。辅料主要为麸皮、玉米粉、米糠、菜籽饼粉以及石膏和石灰等。

2. 辅助材料　塑料袋是用于装培养料的,塑料袋分为聚乙烯和聚丙烯塑料制品,聚乙烯塑料袋白色,韧性好,拉力强,是生产中常用的塑料袋,但不耐110℃以上的高温,所以只能用于常压蒸汽灭菌中使用。聚丙烯塑料袋透明,耐高温,可用于高压蒸汽灭菌,但抗拉力弱,易被拉裂。出厂时的塑料袋是由一根筒状制品压扁后卷曲成筒状,又叫筒料,使用时,需根据使用的长度进行裁剪,剪切成一段一段的塑料袋。

二、培养料配制原则与配方

(一)培养料配制原则

培养料是鸡腿蘑生长的营养物质,直接关系到鸡腿蘑的产量和质量。栽培鸡腿蘑的主料以棉籽壳为好,单一棉籽壳为主料生产鸡腿蘑时,虽然其产量较高,但成本也高。若将棉籽壳与其他农作物秸秆混合使用,可增加培养料的保水性能,对增加产量有益。也可使用棉籽壳菌渣为主料,与农作物秸秆或者玉米芯混合使用。栽培鸡腿蘑的主料须堆积发酵5～

7天,直接利用未发酵的原料栽培,菌丝生长慢,造成生产周期增长。辅料以多种混合为好,可丰富养分,如麸皮与玉米粉混合使用,或米糠与玉米粉组合等。

(二)培养料配方

配方1　发酵棉籽壳80％,麸皮10％,玉米粉6％,石膏1％,过磷酸钙1％,石灰2％。

配方2　发酵棉籽壳50％,稻草粉或节30％,玉米粉10％,麸皮7％,过磷酸钙1％,石灰2％。

配方3　棉籽壳菌渣50％,稻草节30％,米糠10％,菜籽饼粉5％,过磷酸钙1％,石膏1％,石灰3％。

配方4　菌渣40％,发酵棉籽壳40％,麸皮17％,过磷酸钙1％,石灰2％。

配方5　菌渣65％,干牛粪20％,麸皮10％,尿素0.3％,石膏1％,过磷酸钙1％,石灰2.7％。

配方6　发酵玉米芯85％,麸皮10％,菜籽饼粉1％,石膏1％,过磷酸钙1％,石灰2％。

以上培养料配方的含水量为60％～65％。

三、菌袋制作技术规程

(一)培养料配制技术规程

按配方比例先称取主料,平铺在地面上,再将辅料混合均匀后,撒在主料上。然后,用铁铲拌匀培养料,或者用拌料机拌料,使干料混合均匀。最后加足水,按料水比1∶1.2～1.3加入清洁的井水或自来水,水的质量应符合《生活饮用水卫生标准(GB 5749-85)》,再用铁铲或拌料机拌匀培养料。拌好的培养料要求干湿均匀,含水量在 65% 左右,即用手握料无水滴出,在手指缝间可见到水。拌匀的培养料即可装袋。使用未经过发酵的原料时,须堆积 5～7 天,其间须翻堆 1～2 次,最后补足水分后装袋。

(二)装袋操作技术规程

装袋用塑料袋规格为 17 厘米×33 厘米,或 22 厘米×42 厘米等。装袋方法有手工装袋和机械装袋等。

1. 手工装袋 张开塑料袋后,抓取培养料放入袋内,边装入边压实,层层压紧,使料柱上下松紧一致。要求料袋松紧度适宜,以手捏有弹性感为好;装料过紧,易出现灭菌不彻底,并且菌丝长满袋所需时间长。

2. 简易装袋机装袋 将塑料袋的一端用绳扎好,套在出料筒上,右手握着出料筒,左手托着袋底。另一人向料斗内一铲料装一袋地加料,当培养料进入袋内后,逐渐后退出料袋,通过调节后退速度来确定料袋松紧度。

3. 冲压式装袋机的装袋 将一端袋口已封好的塑料袋套在出料筒上,当培养料被压入袋内后,取下料袋。装入培养料后,袋口上用绳扎着封口;或者套上颈圈,用塑料薄膜封口。

(三)灭菌操作技术规程

灭菌有常压蒸汽灭菌和高压蒸汽灭菌 2 种方式,常压蒸汽灭菌是利用土蒸灶进行灭菌,因灶的结构不同,操作方法也不一样,但灭菌原理是一样的。高压蒸汽灭菌是在高压蒸汽锅内进行灭菌。

1. 常压蒸汽灭菌操作技术规程 常压蒸汽灭菌时,当灶内温度达到100℃左右时,保持12~18小时(因料袋数量而异,料袋在1 000袋以下时,须保持12小时;1 000~1 500袋,需保持13~15小时;1 500~2 000袋,需保持15~18小时),灭菌结束后,再闷1夜或半天,可增加灭菌效果,灭菌期间,做好"大火攻头,小火保温灭菌,余热增强灭菌"。尽量缩短升到100℃左右的时间,以6小时以内达到95℃以上为好,这样才能防止培养料变酸和袋内积水。

2. 高压蒸汽灭菌操作技术规程 高压蒸汽灭菌时,当压力上升到0.05兆帕时,应排放出锅内冷气,如此进行2次,再次升到0.15兆帕时,在此压力下保持3~4小时进行灭菌。灭菌结束后,待压力表指针回到"0"时,开启排气阀门,打开锅盖,稍冷却后取出料袋。

(四)接种操作技术规程

接种须在接种箱或接种室,或接种罩内无菌条件下进行,才能有效地控制杂菌侵染,提高成品率。

1. 栽培种质量标准 栽培种以瓶装菌种为好,要求菌丝体浓密,整齐,无杂菌和害虫,没有干瘪。

2. 消毒处理 栽培种的外壁先用清洁的水洗去灰尘和杂质;再用灭菌药(如0.25%新洁尔灭液,或0.2%高锰酸钾液,或0.1%克霉灵液等)进行擦洗灭菌,瓶口须在酒精灯火焰上灼烧灭菌。接种用具也同样进行灭菌处理。在接种箱,或接种室内放置气雾消毒盒,并点燃熏蒸灭菌,或者喷洒灭菌药进行除菌处理,使接种环境达到无菌状态,才能保证接种时杜绝杂菌感染。

3. 接入菌种操作技术规程 当料袋或料瓶内温度下降到30℃以下时,才能接入菌种,否则菌种会被高温烧死。接种工具须在酒精灯火焰上灼烧灭菌,冷却后挖出瓶口表层老菌种,取下层菌种接入袋口内或瓶内,接入的菌种要完全覆盖着培养料,并且接种操作速度要快。接上菌种后,袋口上用灭过菌的纸封口,或者绳、橡皮筋扎口,但不要扎得过紧,留有小缝隙,使其能透气。

(五)培养发菌技术规程

1. 排放菌袋操作技术规程 菌袋培养发菌期间,因气温不同应采取不同的堆码方式才有利于温度控制管理。当气温高于25℃时,应将菌袋单层排放在床架上;或呈"井"字形堆码在培养室内地面上,共堆码5～6层;或者先在地面上排放一层菌袋,然后排放2根竹竿后,再排放菌袋,如此一层菌袋一层竹竿地排放,使上、下层菌袋之间间隔开来,有利于散热降温。在冬季温度较低时,将菌袋多层重叠排放在床架上,并关闭门窗进行保温;或者横卧排放在地面上,每排重叠6～7层菌袋,每排之间相距10厘米左右,须在菌袋堆上覆盖塑料薄膜或编织袋进行保温。菌种瓶排放在床架上,或横卧排放在地面上,进行保温、保湿培养。

2. 环境条件控制管理技术规程 鸡腿蘑培养发菌期间,要将温度控制在23℃～25℃,这是做好保温管理的关键。在20℃以下,菌丝生长缓慢。空气相对湿度控制在80%以下,并加强通风换气,防止出现高温、高湿环境引起杂菌感染。

用绳或橡皮筋环扎袋口培养发菌的,当菌丝体生长到1/2袋时,应在袋口上加上颈圈,并用纸封口,或者在袋口部位扎孔,增加通气性,促使菌丝体生长速度加快。培养至菌丝体长满袋后，即可进行出菇管理。

3. 培养发菌期间的除虫与灭鼠操作技术规程 在菌袋培养发菌期间。防治病害、虫害、鼠害是关键。早预防是提高菌袋成品率，以及防治后期害虫为害的重要措施。

(1)病害防治管理技术规程

①环境消毒技术规程 培养发菌的场所，在使用之前，应清除杂物，并通风换气，干燥。喷洒灭菌药，要几种灭菌药交替使用，不要长期只用一种农药，以免病原菌产生抗性。由于病原菌种类多，也须使用多种灭菌药进行处理，才能有效地控制病原菌。

②培养过程中的消毒技术规程 在培养期间，要定时进行喷洒灭菌药，杀灭环境中的病原菌，以免病原菌孢子在菌袋封口纸和塑料袋微孔处萌发生长，造成杂菌感染。

③培养过程中生态防治技术规程 在培养发菌期间，人为创造菌丝生长的最佳条件，恶化病原菌生长的环境条件，是防治感染杂菌的有效方法。关键是避免出现高温、高湿的环境，因病原菌往往在高温、高湿的环境条件下生长繁殖快。因此，在培养发菌期间，温度不得高于35℃，空气相对湿度要低于80%，保持环境干燥，通风良好。

(2)虫害防治技术规程 害虫在菌袋培养发菌期间，从袋口进入产卵，到了出菇时，孵化出大量幼虫取食菌丝，造成产量下降或不出菇。此外，害虫也是病原菌的携带者，病原菌可通过害虫带入菌袋内，造成杂菌污染。因此，在培养发菌之前和发菌期间，应喷洒农药杀灭害虫，同时也要杀灭培养室周围的害虫。也可在培养室内安装诱杀害虫的杀虫灯等。

(3)鼠害防治技术规程 老鼠也是危害菌袋的大敌，咬破菌袋，甚至在菌袋内打洞，造成菌袋感染杂菌。在培养期间，应投放毒鼠药杀灭老鼠。有条件的,在窗口上安装钢丝网,关好门,阻止老鼠进入培养室。

(六)感染杂菌的菌袋处理技术规程

感染杂菌的菌袋须及时进行处理,才能防止污染环境,是实现连续生产的关键。

1. 再利用方法　一是将感染杂菌的菌袋中培养料倒出,与新鲜培养料混合拌匀,再装入袋内,经灭菌后,接入菌种。感染杂菌的菌袋用量不宜过多,以 30％的用量为宜。感染杂菌的菌袋用量过多后,会造成菌丝生长不良,降低产量。二是将感染杂菌的菌袋,在灭菌灶内进行灭菌后,再与新鲜培养料混合拌匀使用。

2. 不再利用处理　将感染杂菌的菌袋,埋入土中,或作有机肥,或烧毁。不能将感染杂菌的菌袋就地堆放,否则杂菌会大量繁殖,其分生孢子通过空气流动,昆虫传播,使栽培环境中弥漫大量的杂菌孢子,造成生产时出现大量的杂菌感染。

第七章　出菇管理技术规程

一、自然气候条件下栽培管理技术规程

(一)栽培季节

根据鸡腿蘑子实体生长温度范围,在南方地区,出菇季节应安排在 3～5 月份或 9～11 月份。菌种生产计划是,母种和原种在 5～6 月份或 11～12 月份开始生产;在 7～8 月份或翌年 1～2 月份生产栽培种,在 9 月份和翌年 3 月份开始进行栽培出菇。由于鸡腿蘑不覆盖土壤是不能出菇的,因此鸡腿蘑生产菌袋可提早生产,菌丝长满袋后,须在低温、遮光环境条件下堆码放置,待气温上升到 12℃ 以上时,开始进行脱袋埋土栽培管理。提早生产菌袋,一是有利于大规模生产;二是利用农闲期间,不与农事争时间和劳力;三是有利于菌丝进一步分解原料,积累贮存充足的养分,对提高产量和质量有好处。在北方地区,主要是利用春、秋季栽培出菇,比南方地区晚 1～2 个月制种和栽培出菇管理。

(二)室内栽培管理技术规程

1. 脱袋覆土管理

(1)覆土材料质量要求与处理　鸡腿蘑栽培时需要覆盖土壤才能出菇,土壤的质量对鸡腿蘑的产量和质量影响较大。土壤要求是没有受到农药和重金属污染,应符合《绿色食品产

地环境技术（NY/T 391－2000）》中土壤标准。此外，土壤要求为没有种植过鸡腿蘑、姬松茸、双孢蘑菇等食用菌场地的土壤，否则易染病。土壤应取菜园土或稻田土为宜，去掉表层土，使用下层土。将土壤打碎，去掉石块和草节，加水调湿土壤呈软泥状，即含水量达到25％左右。用水的卫生标准应符合《生活饮用水卫生标准（GB 5749－85）》。

（2）覆盖土壤

①脱袋覆土技术规程　菌丝生长满袋后，脱去菌袋上塑料薄膜，将菌筒横卧排放在地面上或床架上。在地面上排放时，每厢排放4袋，厢与厢之间相距40厘米。在床架上排放菌筒时，先铺一层塑料薄膜，再排放菌筒。然后，覆盖土壤，覆土厚度为3厘米，要求厚薄均匀（图7-1）。覆土后在其上覆盖一层塑料

图7-1　脱袋覆土

薄膜，并关闭门窗；房间较大的，再用黑色塑料薄膜罩着，这样既可防止土壤水分散失，又可遮光。

②袋口上覆土技术规程　将菌丝长满袋的袋口打开，较长的菌袋要切断成两段，先在地面上铺一层塑料薄膜，避免与土壤接触，从下面长出菇来，再将菌袋直立排放；或者将一端袋口扎紧后直立排放，四周用竹竿或砖固定（图7-2）。然后覆土，再在其上覆盖塑料薄膜保湿。这种方法的优点是便于

出菇结束后清除菌袋和土壤,还可防治杂菌传染。

图 7-2　袋口上覆土

　　由于鸡腿蘑出菇整齐集中,因此生产量较大的,应分潮次进行覆土栽培,方可避免 1 次出菇过多,给采收和加工、销售带来困难。

　　(3)覆盖土壤后的管理技术规程　覆盖土壤后,主要是进行保温、保湿,以及促进菌丝向土壤内生长的管理。保持温度在 20℃左右,空气相对湿度在 85%～95%。关闭门窗,减少通风量,防止土壤干燥,为菌丝生长创造条件,使菌丝向土壤中生长。

　　2. 子实体生长发育管理技术规程　当菌丝生长进入土中,并在土表面上可见少量白色菌丝时,去掉覆盖的塑料薄膜,开始进入出菇管理,一般从覆土至出菇需要 20 天左右。

　　(1)温度控制标准　子实体生长期间需将温度控制在 12℃～20℃,最适温度为 16℃～18℃,温度高于 25℃时,子实体瘦小易开伞,温度低于 13℃时,生长缓慢。

（2）湿度控制标准　子实体生长期间所需水分主要来自土壤，子实体上是不能喷水的，否则会变黄、染病；出菇时土壤要处于较干燥状态为宜，即土表略呈灰白色，空气相对湿度为80％～90％。只有在适宜的水分条件下，子实体才洁白，表面才光滑。而在干燥环境下，子实体表面会形成褐色鳞片。

（3）光照控制标准　子实体生长期间不需要光线，在黑暗和弱光照环境下长出的子实体洁白、光滑。光照过强，子实体菌盖会变为浅褐色。

（4）空气控制标准　子实体生长期间要适当进行通风换气，在长期密闭环境下，不仅会长成畸形菇，而且还易出现病害。在子实体生长前期，每天通风 1～2 次，每次 30 分钟。后期可减少通风量，增加二氧化碳浓度，促进菌柄增长。

只有在环境条件完全能满足时，子实体才生长良好，色洁白，个体大，结实，表面光滑（图 7-3）。

图 7-3　出菇状况

3. 采收标准与采后管理技术规程

（1）采收标准　当子实体长到7厘米以上，菌盖未松软，仍包裹紧实时，就要及时采收。一旦推迟采收，菌盖变松，甚至开伞后，菌褶易变为黑色，甚至开始自溶，就失去了商品价值(图7-4)。气温高于20℃时，每天须采收2~3次，才能保证产品质量。采收时，将长大的菇摘下，留下幼菇继续生长，采收结束后去掉菇脚。将采收的菇整齐装入筐内，或一层菇一层纸地装菇，不可颠倒放置，以免菇体上附着泥沙。

图7-4　适采的菇

（2）采后管理技术规程　采收1潮菇后，去掉菇脚，同时去掉病菇和死菇，用土壤填补好菇脚坑。重喷1次水，补充菌筒内水分和调湿土壤，减少通风量，待第二潮菇长出后，再进入出菇管理。一般采收2潮菇，在温度适宜时，可采收3潮菇，但产量主要集中在第一潮和第二潮。

(三)塑料大棚栽培管理技术规程

利用塑料大棚栽培鸡腿蘑,有利于提高棚内温度,延长出菇期,调温、保湿和通风换气易管理,有利于提高鸡腿蘑的产量和质量。

1. 塑料大棚的制作标准　在平整的田间建造塑料大棚,用直径为 2~3 厘米的竹竿做塑料大棚的拱形架。以每个塑料大棚宽为 6 米来设计,在地面开好宽为 6 米的菌床,长度因地面而异。在菌床两边插上竹竿,将两边竹竿向内弯曲交接后,用绳捆绑好,高度为 1.8 米,竹竿与竹竿之间相距 40~50 厘米,一排排地制作拱形架。然后,在拱形架顶部和两侧捆绑上竹竿,将拱形架固定好,使之连成一体,覆盖宽为 10 米,厚度为 0.06~0.08 厘米的黑色塑料薄膜,再在塑料薄膜上覆盖草帘或遮阳网,或者在距棚顶 30 厘米处盖遮阳网。最后,在塑料大棚四周开好排水沟,防止雨水进入棚内淹没菌床,造成减产和降低质量。

2. 开畦与脱袋覆盖土壤管理技术规程

(1)开畦标准　在塑料大棚内开畦,在靠薄膜的两侧各开 1 个 0.9 米宽的畦床,中央开 2 个宽为 1.4 米的畦,畦与畦之间留 40 厘米宽的人行道。

(2)排袋覆盖土壤标准　将菌丝长满袋的菌筒脱去塑料袋后,直立排放或横卧排放。然后覆盖 3 厘米厚的湿润土壤。

(3)覆盖土壤后的管理技术规程　覆盖土壤后,主要做好保温、保湿管理,使菌丝恢复生长并进入土壤中,为子实体生长做好准备。保持棚内温度在 20℃~25℃,空气相对湿度在 80% 左右,保持土壤呈湿润状态。

3. 出菇管理技术规程　在覆土后 20 天左右,菌丝已生长进入土壤中,即可进行出菇管理。主要进行调温、保湿、通风和遮光管理,人为创造子实体生长的最佳环境条件,生产出高产、优质的产品。

(1)温度控制标准　子实体生长发育的温度以16℃～24℃为宜,在20℃以上子实体生长快,个体小,易开伞。在温度为16℃～18℃条件下,长出的子实体大而结实,整个子实体坚硬、粗壮,质量好(图7-5)。在气温较高条件下出菇时,须在塑料棚上搭建遮阳棚,防止棚内温度过高。

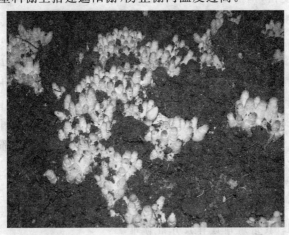

图 7-5　出菇状况

(2)湿度控制标准　在子实体生长期间,保持土壤湿润状态,并且土壤表面微干为宜。保持空气相对湿度在85%～90%,即使土壤较干燥,也不能在菇体上喷水来保湿,否则子实体会变色。

(3)通风换气标准　在子实体生长初期,要加大通风量,每天揭开两端塑料膜通风1～2次,每次30分钟。若通风不良,棚内二氧化碳浓度过高,会长畸形菇。

（4）光照标准　在子实体生长期间,须处于黑暗或者微光照条件下。在强光照条件下,长出的子实体菌盖表面上就会出现许多呈褐色的鳞片,商品质量下降。

4. 采收标准与采后管理技术规程

（1）采收标准　当子实体长到 7 厘米以上时,子实体为梭状,菌盖包裹紧实时,即可采收。采收方法是采大留小。一旦菌盖变松,菌褶变黑后,其质量就下降。温度高于 22℃时,子实体生长快,每天应采收 2～3 次。

（2）采后管理技术规程　采收完 1 潮菇,去掉菇脚,并用土壤填补菇脚坑。重喷 1 次水,补充菌筒和土壤中水分。关闭塑料棚进行保温和保湿管理。当子实体长出来后,再进入出菇管理。当菌床上出现病菇和杂菌,特别是总状炭角菌时,要及时清除,防止扩散。总状炭角菌的处理方法是连菌筒和土壤一并挖取出来,搬离栽培场地,并在菌床杂菌生长部位灌注灭菌药。

（四）田间塑料小棚栽培管理技术规程

1. 栽培场地选择及开畦标准

（1）出菇场地选择　栽培出菇场地要求无污染源,土壤、空气和水应符合绿色食品产地环境标准,并且要求前茬没有种植过鸡腿蘑、双孢蘑菇和姬松茸等食用菌的土壤;地势较高,无积水,易排水的田间作为栽培场地。

（2）开畦标准　首先翻耕土地,并打碎、整平,拣去石块和杂草,土壤含水量偏高的田块,要晾晒至含水量适宜时,再开始栽培鸡腿蘑。开畦的方法是,在地面上开宽 1.2 米,深15～30厘米的畦,长度因地长而异,以不超过 10 米为宜,畦与畦间相距 50 厘米,用作人行道,在畦四周开好排水沟,水沟的深度应低于畦底。此外,开畦的方式还要根据栽培方式和地势而定。采用直立排放菌筒的,畦深度与菌筒的高度一致,一般为25～30厘米。采取横卧放菌筒的,畦的深度则应以菌筒的直径来定,一般深为15厘米左右。另外,还要根据地势而定,地势较高又不易积水的场地,开畦时,采取在地面向下挖坑方法,在地面上形成一个厢沟状的畦。地势较低的,要防止雨水灌入畦内,应采用平地做畦的方法。开好畦后,如果在畦床上浇上粪水和家畜粪,增加畦床土壤的养分,有利于提高鸡腿蘑的产量。

2. 脱袋覆土管理技术规程

(1)脱袋覆土方法 菌丝长满菌袋后,即可脱袋埋土。田间脱袋埋土栽培方式,可采用直立放置和横卧放置2种方式。直立放置菌筒出菇,节省土地面积,每平方米可放50袋左右,但出菇周期长。

①脱袋直立放置埋土的方法 将脱去塑料袋的菌筒,一个靠一个地排放在畦床内,或者间隔10厘米排放,在菌筒之间空隙处,填充肥沃的细粒土壤,利用鸡腿蘑菌丝能从土壤中吸取养分的特性,对提高产量有很好的作用;或者在菌筒之间,填充菌渣或发酵的培养料。

②横卧放置菌筒的方法 将脱去塑料袋的菌筒一个靠一个地排放,或者间隔10厘米排放,空隙间填上肥沃的土壤,或菌渣或发酵料。此外,还可在畦床上,先铺一层发酵料或菌渣,再放菌筒,鸡腿蘑菌丝就会向下生长吸收养分,从而增加鸡腿蘑的产量。排放好菌筒后,要及时覆盖土壤。覆盖用土壤要先打碎成小颗粒,并且以肥沃,通透性好的沙壤土为好。取湿润土壤覆盖在菌筒上,覆土厚度3厘米,并且厚薄均匀一致。

(2)覆盖土壤后的管理技术规程 在畦床上搭建塑料小拱棚来调温、保湿。塑料小拱棚的制作方法是,用竹板做拱形架,然后,盖上黑色塑料膜。在夏末埋土栽培的,由于气温高,阳光照射强,还需要在塑料小拱棚上建遮阳棚,一种是在塑料棚上盖草帘,另一种方法是用遮光率为 95％ 的遮阳网。在覆土后 20 天之内,让鸡腿蘑菌筒内菌丝恢复生长,向土壤中伸长,进行以保温和通气为主的管理。

3. 出菇管理技术规程 当菌丝生长到土壤表面时,加大通风量,诱导子实体形成,一般从覆盖土壤后,经 20 天左右,就开始长出子实体。当子实体形成后,主要是进行调温、保湿、调光和通气管理。

(1)温度控制标准 子实体生长发育的温度以 16℃～20℃为宜,在 22℃ 以上子实体生长快,但个体小,易开伞;在温度 16℃～18℃ 条件下,长出的子实体大而结实,整个子实体坚硬、粗壮,质量优。在气温较高条件下出菇时,须在塑料棚上搭建遮阳棚,防止棚内温度过高。

(2)湿度控制标准 在子实体生长期间,保持土壤湿润状态,并且土壤表面微干为宜。保持空气相对湿度在 85％～90％,即使土壤较干燥,也不能在菇体上喷水来保湿,否则子实体会变色。湿度偏低时,可在人行道上浇水,减少通风量,增加湿度。

(3)空气控制标准 在子实体生长初期,要加大通风量,每天揭开两端塑料薄膜通风 1～2 次,每次 30 分钟。若通风不良,棚内二氧化碳浓度过高,子实体会长成畸形。子实体生长后期,可适当减少通风量,增加二氧化碳浓度,促进菌柄生长,抑制菌盖展开,从而长成菌柄长的菇体。

(4)光照标准 在子实体生长期间,须处于黑暗或者微光照条件下。在强光照条件下,长出的子实体菌盖表面上就会出现褐色鳞片。

4. 采收标准与采后管理技术规程

（1）采收标准　当子实体长到 7 厘米以上时，子实体为梭状，菌盖包裹紧实时，即可采收。一旦菌盖变松，菌褶变黑后，其质量就下降。温度高于 22℃时，子实体生长快，每天应采收 2～3 次。采收方法是采大留小。

（2）采后管理技术规程　采收完 1 潮菇，去掉菇脚，并用土壤填补菇脚坑。重喷 1 次水，补充菌筒和土壤中水分。子实体长出后，再进入出菇管理。一般可采收 2～3 潮菇。当菌床上出现病菇和杂菌，特别是总状炭角菌时，要及时清除，防止扩散。总状炭角菌的处理方法是连菌筒和土壤一并挖取出来，搬离栽培场地，并在菌床杂菌生长部位灌注多菌灵液灭菌。

二、反季节栽培管理技术规程

（一）隧道内栽培出菇管理技术规程

在夏季和冬季自然气候条件下是不能栽培鸡腿蘑的，但可利用各种隧道的低温条件进行生产。在四川省已利用隧道进行反季节栽培，实现了周年生产鸡腿蘑。

1. 栽培场所选择标准　适宜栽培鸡腿蘑的隧道标准是，温度稳定在 15℃～22℃，通风良好，较干燥，不漏水，无有毒和有害物质污染。

2. 覆盖土壤与管理技术规程　将菌丝长满袋的菌袋上塑料薄膜脱去，横卧排放在地面上，或采取不脱袋在袋口上覆土方式出菇。覆盖用土应选择湿润土或较干燥土，如果隧道内空气湿度大，应使用干燥的土壤覆盖，这样干燥的土壤吸水后变湿润，从而达到出菇时所需水分。

3. 出菇管理技术规程

(1)温度控制标准 温度控制在15℃～20℃。

(2)湿度控制标准 在夏季隧道的湿度较大,外界的热空气进入隧道内后,在隧道形成水蒸气,从而增加湿度。因此,要做好降低湿度管理。

(3)空气控制标准 隧道内往往通风不良,须进行通风换气管理。通风换气方法是,在晚上通风,高温白天不通风,因通风后热空气进入隧道内后,会产生大量的水,从而增加隧道内湿度,使子实体染病。

4. 采收标准与采后管理技术规程

(1)采收标准 当子实体长到7厘米以上时,子实体为梭状,菌盖包裹紧实时,即可采收。采收方法是采大留小,同时去掉死菇和病菇。

(2)采后管理技术规程 采收完1潮菇,去掉菇脚,并用土壤填补菇脚坑。重喷1次水,以补充菌筒和土壤中水分。关闭塑料棚进行保温管理。当子实体长出来后,再进入出菇管理。一般可采收2～3潮菇。当菌床上出现病菇和杂菌,特别是总状炭角菌时,要及时清除,防止扩散。总状炭角菌的处理方法是连菌筒和土壤一并挖取出来,搬离栽培场地。并在菌床杂菌生长部位灌注多菌灵液灭菌。

(二)人工降温设施栽培出菇管理技术规程

利用制冷设备控温可在夏季生产鸡腿菇,实现反季节生产,达到周年生产的目的。

1. 制冷菇房设计与制冷设备

(1)菇房设计 菇房长10米,宽5米,高3.5米。天花板用厚为20厘米的泡沫塑料板制作,四周墙壁用10厘米厚塑料泡沫板作保温隔热。门为平行移动门。在菇房内安放床架,床架用竹竿或钢材制作,床架宽 1.5 米,长 8.3 米,层距 0.45 米,底层距地面 0.15 米。床架与床架之间设宽 0.7 米的人行道,靠墙两边留 0.6 米通风过道和人行道。

(2)制冷设备　用制冷机组进行控温,每间菇房用 7.35 千瓦的压缩机、11.03 千瓦冷凝器;0.7 千瓦加压泵和 CR 100 冷风机组装成制冷组,或者用空调进行降温。

2. 排袋覆盖土壤

(1)排袋　菌丝长满袋后,即可进行出菇管理。将菌袋直立排放在床架上,若为较长的菌袋应截成两段,在床架上铺放塑料薄膜后,解开袋口拉直塑料薄膜使之成筒状,覆盖土壤,或者脱去塑料袋,横卧排放在床架上,覆盖土壤进行出菇管理。

(2)覆盖土壤

①土壤选择　用于鸡腿蘑栽培时的覆盖用土,要求具有良好的保水性和通透性,以沙壤土为好。应选择森林内土壤和耕地内土壤,并且没有生产过鸡腿蘑、姬松茸、双孢蘑菇等食用菌场地的土壤。利用耕地内土壤时,应去掉表层 5 厘米以上的土壤,取下层土壤使用。土壤应符合《绿色食品产地环境技术条件(NY/T 391－2000)》所规定的土壤环境质量要求。不能使用被污染了的土壤,否则鸡腿蘑产品会受到重金属和农药残留污染,也会造成子实体染病。

②土壤准备　将土壤打碎成细颗粒,直径 0.2～0.5 厘米。加水调湿土壤,使土壤呈润湿状态,即手握能扁并可搓成圆形,或者调节成黏稠状土。在土壤中不能施加化肥和农药,以免产品受到污染。

③覆土方法　取细粒湿润的土壤覆盖在菌筒上,覆土厚度为 3 厘米,要求厚薄一致。

（3）覆土后管理　覆盖土壤后在菌袋上覆盖塑料薄膜保湿，防止土壤失水干燥。温度控制在 18℃～20℃，诱导菌丝向土壤中生长，当菌丝生长进入土壤，即覆盖土壤 15 天后，揭去塑料薄膜为出菇做好准备。

3. 子实体生长发育管理　子实体生长发育期间主要做好温度、湿度、光照和通风换气管理，人为创造鸡腿蘑子实体生长的环境条件。

（1）温度控制标准　将温度控制在 16℃～18℃，最低温度不得低于 12℃，最高不得高于 22℃。在此范围内，子实体个体大，柄粗壮、长，光滑。

（2）湿度控制标准　子实体生长期内，保持空气相对湿度在 80% 左右，由于在子实体生长期间是不能在菇体上喷水的，一旦子实体上水分过多，土壤含水量偏高，子实体上会出现褐斑，从而降低产品质量。因此，在子实体生长期间，还需减少通风量，防止湿度过低。当湿度偏低时，可在地面和四周墙壁上喷水增加湿度。

（3）空气控制标准　子实体生长期内，需要在氧气较充足的条件下才能正常生长，二氧化碳浓度过高后，菌盖分化不良，长成畸形菇。因此，要适当通风换气，保持菇房内空气新鲜。在子实体生长后期，即菌盖已形成，可减少通风量，增加二氧化碳浓度，有利于菌柄加长，抑制菌盖展开。

（4）光线控制标准　子实体生长期内不需要光线，在完全黑暗或弱光照条件下，均能满足子实体生长。光照过强菌盖表面会形成鳞片。只有在弱光照条件下，菌盖表面光滑。

4. 采收标准与方法

（1）采收标准　当子实体长度达到 7 厘米以上，菌盖尚未变松，仍然包裹紧实时为适收期。推迟采收，菌盖松开，菌褶变黑,其商品质量下降;完全展开后,菌盖自溶,只残留下菌柄,也就失去可食用菌价值。

(2)采收方法　采大留小,用刀切割下适采的菇,留下幼菇继续生长。摘下的菇体整齐放入洁净的筐内,切勿混装,以免菇体上沾上泥沙。

(三)冬季加热保温栽培方法

当温度低于10℃以下时,鸡腿蘑子实体就不能生长。为了生产出鸡腿蘑,可采取人工加热保温方法。

1. 保温塑料棚建造标准

(1)菇房标准　在田间搭建保温塑料棚,并在棚内建床架,人为加热保温栽培。塑料棚的规格为长10米,宽3米,高1.8米。菇房不宜过大,否则不易保温。用竹竿制作拱形架,在两侧和顶部捆绑上竹竿固定。然后,覆盖黑色塑料薄膜,两侧用土块压实,在两端上方各开1个长、宽各为30厘米的窗口。在塑料棚内顶部排放一层草帘,在草帘上贴一层无滴塑料薄膜,可起到保温和防水滴在菌床上的作用。或者先覆盖泡沫板,再覆盖黑色塑料薄膜,这样保温效果更好。

(2)床架标准　在棚内搭建床架,床架宽1米,底层距地面0.3米,以上各层之间距离为0.5米,共3层。在棚内两侧排放床架,中间为人行道,宽约1米。

2. 加热保温设施　利用蜂窝煤炉加热保温出菇,具有热量稳定,节省人力等优点。在棚内两端挖坑放入蜂窝煤炉或用砖砌制1个蜂窝煤炉,炉面与地面平行,在炉上用砖砌制烟道,在中央立1根PC管并伸出棚外,排出煤烟。利用烟道发热保温,保持在适宜鸡腿蘑子实体生长的温度范围内。利用蜂窝煤炉加热保温出菇时,要防止煤烟进入菇房内,造成鸡腿蘑子实体中毒死亡,以及造成人员伤亡。

3. 脱袋覆土管理技术规程

(1)脱袋覆盖土壤方法　先在床架上铺一层塑料薄膜,再将菌袋上塑料袋脱去,横卧排放在床架上,然后覆盖加水调湿成软泥状的土壤,覆土厚度为 3 厘米。

(2)覆土后的管理技术规程　覆土后保持温度在 20℃左右,并关闭塑料薄膜保温保湿,让菌丝恢复生长伸入土中,为出菇做好准备。

4. 子实体生长发育管理技术规程

(1)温度控制技术规程　覆土 20 天左右便开始长出子实体,此时保温是关键。须将温度控制在 16℃～18℃,防止中途温度下降,子实体被冻死。

(2)湿度控制技术规程　空气相对湿度为自然湿度,不可在菇体上喷水,同时也要防止水珠滴在菇体上,使菇体变色。

(3)空气控制标准　子实体生长期间,须加强通风换气管理,防止二氧化碳浓度增大,长成畸形菇。只需将两端通风口打开进行通风换气,就能满足子实体对空气的要求。

(4)光照控制标准　子实体生长期间,不需要光照,须保持棚内黑暗或者微光照。只有在弱光照的环境条件下,生长的鸡腿蘑子实体才洁白、光滑(图 7-6)。

5. 采收标准与采后管理技术规程

(1)采收标准　当子实体长到 7 厘米以上时,子实体为梭状,菌盖包裹紧实时,即可采收。采收方法是采大留小,同时去掉死菇和病菇。

(2)采后管理技术规程　采收完 1 潮菇,去掉菇脚,并用土壤填补菇脚坑。重喷 1 次水,补充菌筒和土壤中水分。然后关闭塑料棚进行保温管理。当子实体长出来后,进入出菇

图 7-6 加热保温出菇

管理。一般只采收 2 潮菇,采收结束后,及时清除菌渣和土壤,经消毒处理后,再种植下潮鸡腿蘑。

三、发酵料栽培技术规程

利用发酵料栽培鸡腿蘑操作简便,成本低,但产量不及熟料栽培的高,但仍有实用价值。

(一)培养料配方及堆制发酵

1. 培养料配方

配方 1 稻草或麦秸 62%,干牛粪 30%,尿素 1%,过磷酸钙 2%,石膏 2%,石灰 3%。

配方 2 菌渣 52%,稻草或麦秸 30%,菜籽饼粉 10%,尿素 1%,过磷酸钙 2%,石膏 2%,石灰 3%。

配方 3 稻草或麦秸 62%,棉籽壳或玉米芯 30%,尿素

1％,过磷酸钙2％,石膏2％,石灰3％。

2. 堆制发酵技术规程

(1)预湿技术规程　稻草铡成2～3节,麦秸需碾破后使用,先将稻草或麦秸用水浸泡3～4小时湿透,或加水淋湿透原料,然后堆积2～3天,使原材料充分吸水湿透,预湿草料标准用手握草把有几滴水滴出而不成线状流出为宜。

(2)建堆技术规程　菌渣需打碎后使用。在地面上按宽2米,高1.5米,长度因地势和料量而定,先铺一层厚约30厘米的主料,然后,将辅料混合拌匀后(石灰于后期加入),分5次撒在料层上,如此一层料一层辅料地建堆,料堆要求四周垂直整齐,整个料堆呈长方体形,顶部为龟背形,最后,覆盖塑料薄膜保温保湿,经过3天后,将料堆顶部塑料薄膜揭开30厘米左右,增加透气性。

(3)翻堆技术规程　在堆积过程中,需翻堆3～4次,翻堆间隔天数为"6、5、4"。

①第一次翻堆　即建堆后第六天开始进行第一次翻堆,翻堆方法是将上下和内外层料调换,并混合均匀后,重新建堆;此时建堆要宽度缩进30～40厘米,高度不变,最后,覆盖好塑料薄膜,经过2天后,将料顶部塑料薄膜掀开留出30厘米宽的通气口;同时,将四周塑料薄膜卷起30厘米,这样有利于通风透气。

②第二次翻堆　在第一次翻堆后5天进行,翻堆方法同第一次翻堆。在第二次翻堆时,需加入石灰,菌渣在此时加入,水分不足时,需补充水分。此时,建堆方法同第一次,料堆宽度为1.5米左右,高度也为1.5米,长度因料量而定。建好料堆后,覆盖塑料薄膜,经过2天后,将料顶部塑料薄膜掀开留出30厘米宽的通气口;同时,将四周塑料薄膜卷起30厘

米,增加通风透气。

③第三次翻堆　在第二次翻堆后4天进行,翻堆方法同前。第三次翻堆时,适当降低料堆高度和宽度,降低料堆温度。料堆宽度为1米,高度为1.2米。建好料堆后,在料堆上覆盖草帘防雨淋,或者不覆盖,但在雨天覆盖塑料薄膜,雨停后,揭开塑料薄膜。增加透气性,降低料堆内温度,保持在50℃～60℃。若料中出现螨虫等害虫时,应喷洒杀螨剂杀灭。最后1次翻堆后,再堆积3天,即可终止发酵。

(4)培养料标准　发酵料的质量标准是:秸秆呈棕色,有弹性,无臭味、酸味,疏松,不黏结成团,用手握料无水滴,但在指缝间可见到水。

(二)铺料播种出菇管理规程

1. 铺料播种技术规程

(1)铺料降温处理　将培养料铺在室内地面上,或床架上,也可在田间进行栽培。在田间栽培时,按宽80厘米开畦,畦与畦之间相距40厘米。将培养料抖松散,干湿混匀后铺在床面上,铺料厚度为30厘米左右,待料内温度下降到30℃以下时,方可播种。

(2)播种技术规程　在料上播种,麦粒种播种方法是采取撒播法,将麦粒种均匀撒在料面上,每平方米用菌种1～2瓶。棉籽壳菌种则要分成小团块,分2层播种,即先在料层内挖穴放入菌种,种穴呈"品"字形排列,最后,在料面上再播一层菌种,袋装菌种用量为每平方米1～2袋。

(3)播种后管理　播种后,稍压平整料面,然后,覆盖报纸和塑料薄膜,保温、保湿管理,保持料温在20℃～25℃,让菌种萌发吃料生长。播种7天以后,每天揭开塑料薄膜通风换气 1～2 次。当菌丝生长已进入料层的一半或完全长满料面后。覆盖土壤,也可在播种后立即覆盖土壤。

2. 覆盖土壤

(1)土壤质量要求 土壤以沙壤土为好,须具有良好的通透性和保水性能。应选择森林内土壤和耕地内土壤,并且没有生产过鸡腿蘑、姬松茸、双孢蘑菇等食用菌场地的土壤。利用耕地内土壤时,应去掉表层 5 厘米以上的土壤,取下层土壤使用。土壤应符合《绿色食品产地环境技术条件(NY/T 391-2000)》所规定的土壤环境质量要求。不能使用被污染的土壤,否则鸡腿蘑产品会受到重金属和农药残留污染,也会造成子实体染病。

(2)土壤准备 将土壤打碎成细颗粒,直径 0.2～0.5 厘米。加水调湿土壤,使土壤呈湿润状态,即手握能扁并可搓成圆形,或者调节成黏稠状土。在土壤中不能施加化肥和农药,以免产品受到污染。

(3)覆土方法 取细粒湿润的土壤覆盖在菌床上,覆土厚度为 3 厘米,要求厚薄一致。

(4)覆土后管理 覆盖土壤后,在菌床上覆盖塑料薄膜保湿,防止土壤失水干燥。温度控制在 18℃～20℃,诱导菌丝向土壤中生长,当菌丝生长进入土壤,即覆盖土壤 15 天后,揭去塑料薄膜为出菇做好准备。

3. 出菇管理技术规程 子实体生长发育期间主要做好温度、湿度、光照和通风换气管理,人为创造鸡腿蘑子实体生长的环境条件。

(1)温度控制标准 将温度控制在 16℃～18℃,最低温度不得低于 12℃,最高温度不得高于 22℃。在此范围内,子实体个体大,柄粗壮、长,光滑。

（2）湿度控制标准　子实体生长期内，应保持空气相对湿度在80％左右，由于在子实体生长期间是不能在菇体上喷水的，一旦子实体上水分过多，土壤含水量偏高，子实体上会出现褐斑，从而降低产品质量。因此，在子实体生长期间，还需减少通风量，防止湿度过低。当湿度偏低时，可在地面和四周墙壁上喷水增加湿度。

（3）空气控制标准　子实体生长期内，需要在氧气较充足的条件下才能正常生长，二氧化碳浓度过高后，菌盖分化不良，长成畸形菇。因此，要适当通风换气，保持菇房内空气新鲜。在子实体生长后期，即菌盖已形成，可减少通风量，增加二氧化碳浓度，有利于菌柄加长，抑制菌盖展开。

（4）光线控制标准　子实体生长期内不需要光线，在完全黑暗和弱光照条件下，均能满足子实体生长。光照过强菌盖表面会形成鳞片。只有在弱光照条件下，菌盖表面才光滑（图7-7）。

图7-7　子实体生长状况

4. 采收标准及方法

（1）采收标准 当子实体长度达到 7 厘米以上，菌盖尚未变松，仍然包裹紧实时为适收期。推迟采收，菌盖松开，菌褶变黑，其商品质量下降；完全展开后，菌盖自溶，只残留下菌柄，也就失去可食用菌价值。

（2）采收方法 采大留小，用刀切割下适采的菇，留下幼菇继续生长。摘下的菇体整齐放入洁净的筐内，切勿混装，以免菇体上附着泥沙。采收的鸡腿蘑须及时销售和加工处理。不能及时加工的，须在 $1℃\sim4℃$ 的冷库内贮藏。

第八章　产品保鲜与加工标准化

一、加工场所环境卫生与建筑要求

(一)环境卫生与建筑要求

1. 环境条件　鸡腿蘑产品保鲜、加工工厂应选择在没有潜在污染的地方。根据《环境空气质量标准（GB 3095－1996)》中规定的三级标准要求,工厂必须远离工业区、避开有"三废"排放的企业、垃圾场、畜牧场、化粪池、居民区、农田等,保证厂址周边生态和环境条件良好。加工、保鲜厂周围地区禁止用气雾杀虫剂、有机磷、有机氯或氨基甲酸酯等杀虫剂。同时,保鲜、加工厂本身也不应对环境构成污染,如加工剩余物,冲洗、烫煮的废水等要及时清理,妥善处理。需要用水的加工厂,须水源充足、水质良好,达到《生活饮用水卫生标准（GB 5749－85)》。厂址应选择地势高燥、开阔,阳光充足,有电源,交通相对方便又没有尘土飞扬的地方。

2. 厂房布局　保鲜厂和烘烤厂的原料整修、晾晒与保鲜、烘烤场所应合理分开,互不影响。晾晒的场所应是水泥地面,无尘土飞扬,鸡腿蘑产品不要直接接触地面,用卫生的盛具盛装晾晒,腌制加工厂腌制池应符合食品卫生腌制要求,水质符合《生活饮用水卫生标准（GB 5749－85)》。

3. 建筑设计　保鲜加工厂房建筑和设计应符合《中华人民共和国食品卫生法》《工业企业设计卫生标准》《消防法》等

有关规定,按食品加工的工艺要求进行设计建造。厂内各工序有机区分,互不影响,又有卫生安全通道相互连贯,厂房结构墙柱面应光滑,无吸附物,可冲洗;分拣车间光线500勒以上,一般操作场所100勒以上;有纱门纱窗,通风排气良好,通风排气口保持清洁,不得有灰尘和油泥堆积;排水系统畅通,防止固体物流入堵塞、污染;有规范的洗手、更衣处,并提供必备设施和用品,以保证人员以无菌卫生状态进入车间。

厂房的室内外要卫生整洁,除硬件构筑外,尽量采用物理、机械和生物法灭蚊、鼠、蟑螂及其孳生环境消毒,少用药剂防治。

(二)设备选型与使用

产品保鲜、结构设备应选择低能耗、高效率、无污染的设备,设备各组成部分要相互配套。设备制造的材料应符合卫生、无污染的安全要求。设备使用按规定程序进行,设备用具定期检修,使用前后均擦洗干净,冲洗水源符合生活饮用水卫生标准。每天保持设备场所的清洁卫生。与加工有关的物资堆放整齐,一次性用具使用完应及时清理出车间,保持车间内及设备周围清洁、安全。

(三)操作人员的健康和素质培训

无公害鸡腿蘑产品的保鲜和加工关键还是操作人员。在具备无公害硬件设施的情况下,是否能加工出无公害的产品,加工人员是决定性的因素。

1. 人员培训 凡从事无公害鸡腿蘑产品加工的人员,在上岗之前,必须经过正规培训。培训内容包括无公害食品的概念,无公害加工的意义,食品加工卫生标准,掌握操作技能、设备使用、维修技能等。

2. 人员体检 凡从事无公害鸡腿蘑产品加工的人员,必须按食品经营人员的健康标准进行法定体检和定期复查,只有符合食品生产经营的健康人员才能上岗。有传染病、皮肤病和其他不适上岗的人员都不能上岗。

3. 个人卫生 参加无公害鸡腿蘑产品加工的人员应养成食品行业的个人卫生习惯,除上岗前应养成做好衣帽、手等个人卫生的习惯外,平时应养成勤剪指甲、勤洗澡、勤理发、勤换洗衣服的习惯。进入工作岗位要保持手、工作服干净,做到不随地吐痰。

二、产品质量要求

鸡腿蘑产品应严格执行《无公害食品 鸡腿菇(NY 5246－2004)》的标准,如果申请绿色食品,则应执行《绿色食品食用菌(NY/T 749－2003)》标准。《无公害食品 鸡腿菇》对鸡腿菇产品的感官和卫生指标进行了规定。

1. 感官要求 感官要求的检验是,肉眼观察外观,霉烂菇和虫孔数,鼻嗅气味,触摸感觉手感,应符合表8-1规定。

表 8-1 无公害食品鸡腿蘑的感官要求

序　号	项　　目	指　　标	
		鲜　菇	干　菇
1	颜　色	菌盖白色或米白色,菌肉白色,菌柄白色或米白色	菌盖灰白色,菌肉白色,菌柄近白色
2	气　味	鸡腿菇特有的清香味,无异味	
3	霉烂菇	无	
4	有害物质	无	
5	虫蛀菇(%)(质量分数)	≤0.5	
6	一般杂质(%)(质量分数)	≤0.5	

2. 水分 鲜品≤90％,干品≤13.5％。

3. 安全指标 应符合表8-2规定。

表 8-2　无公害食品鸡腿蘑的安全要求

序　号	项　　目	指　标　（％）	
		鲜　品	干　品
1	砷(以 As 计)	≤0.5	≤1.0
2	汞(以 Hg 计)	≤0.1	≤0.2
3	铅(以 Pb 计)	≤1.0	≤2.0
4	镉(以 Cd 计)	≤0.5	≤1.0
5	亚硫酸盐(以 SO_2 计)	≤50	≤400
6	六六六(BHC)	≤0.1	
7	滴滴涕(DDT)	≤0.1	
8	氯氰菊酯(*cypermethrin*)	≤0.05	

注:根据《中华人民共和国农药管理条例》,剧毒和高毒农药不得在蔬菜(包括食用菌)生产中使用

三、鲜菇包装、保鲜与贮运技术规程

(一)分级标准与整理技术规程

1. 去除杂质 采收的鸡腿蘑子实体上往往沾有泥沙,因此,须用刀去掉菌柄上泥沙,用洁净的湿毛巾擦去菇体上杂质和褐色鳞片,整理成光滑、洁白的菇体(图 8-1)。不能用水清洗菇体,否则菇体会变色,商品质量下降。

图 8-1　整理的菇体

2. 分级标准　一般将鸡腿蘑鲜菇分为 3 个等级,分级标准如下。

(1)一级菇　菇体长 7 厘米以上,柄径 2 厘米以上,菇体为白色,菌盖包裹紧实,无病斑和虫孔,完好无损。

(2)二级菇　菇体长 4～6 厘米,柄径 1～1.9 厘米,其他同一级。

(3)等外菇　不符合一、二级的菇,如菇体上有黄斑、黑斑等病斑,菌盖已松开。

(二)包装、保鲜与运输

1. 包装环境　鸡腿蘑产品包装车间应符合《食用菌卫生标准(GB 7096－1996)》和《食品企业通用卫生规定(GB/T 14881－1994)》。对于直接入口食用的鸡腿蘑产品包装环境要符合熟食食品包装的卫生环境要求。

2. 包装材料

（1）内包装材料卫生要求　内包装用塑料袋或塑料盒进行包装时，包装材料卫生指标应符合 GB 9687 或 GB 9688 规定；纸质包装材料必须达到《食品包装用原纸卫生要求（GB 11680－1989）》，不能使用报纸和用荧光增白剂处理过的纸或其他材料，否则会污染产品。

（2）外包装材料卫生要求　外包装（箱、筐）应牢固、干燥、清洁、无异味、无毒，便于装卸、仓贮和运输。外包装为纸箱或泡沫箱，塑料泡沫箱要符合《食品包装用聚苯乙烯树脂成型品卫生标准（GB 9689）》，泡沫密度≥14 克。包装纸箱必须符合 GB/T 14892－1996 规定硬质立方体运输包装尺寸系列。包装物外表标签必须符合《食品标签通用标准（GB 7718－1994）》。

3. 装量标准　鸡腿蘑产品装量净重 100 克，150 克，250 克，300 克，或 500 克，装量不宜过多，以免相互挤压破坏菇体，以及菇体内发热，降低产品质量（图 8-2）。

图 8-2　包装的菇体

4. 保鲜技术规程 鸡腿蘑鲜菇产品应使用冷藏保鲜,即在 0℃~1℃下使菇体冷透,然后,装入小袋内,再每小袋装入纸箱或泡沫箱内密封贮藏。或者在装箱时,在箱内放入 2 个塑料瓶装水制作成冰的瓶子,并用塑料袋包裹着冰瓶,防止冰化成水后漏出。

5. 贮藏技术规程 贮藏时菇体内不应挤压,要松散包装,透气良好,严防菇体腐烂,贮藏室气温 1℃~4℃。

6. 运输技术规程 运输时应轻装、轻卸,避免机械损伤。运输工具要清洁、卫生、无污染物、无杂物。防日晒、雨淋,不可裸露运输。不得与有毒有害物品、鲜活动物混装混运。应在低温条件下运输,以保持产品的良好品质。没有冷藏运输时,在夏季气温高时,可在泡沫箱内放入塑料瓶装水制成的冰瓶,利用冰瓶降低温度,确保产品质量。

四、盐渍加工技术规程

(一)盐渍加工设施设备标准

1. 盐渍池 在地面上直接用砖砌制,或者向地下挖坑后,在底部和墙面上贴砖,并在地面再砌砖加高。盐渍池大小一般为长 2~3 米,宽 2 米,深 2 米。盐渍池要求不漏水,表面光滑,最好在盐渍池内壁安装上白色瓷砖。应建 3~4 个盐渍池,以便分装不同级别的盐渍菇。每立方米的盐渍池可装 0.8 吨盐渍菇。

2. 杀青锅 杀青锅是用来煮鲜菇的,用铝或不锈钢制作,不能使用铁锅、铜锅,否则煮菇后菇体会变色。杀青锅直径为 80 厘米,高为 60 厘米。将杀青锅置于灶上,用煤作燃料。

3. 冷却漂洗池 冷却漂洗池是用来对杀青的菇体进行冷却和漂洗的。用砖砌制而成,位于杀青锅与盐渍池之间。冷却漂洗池一般为 3 个并排在一起。池的大小为长 2 米,宽 1 米,深 1.5 米。

(二)盐渍加工技术规程

1. 鲜菇整理技术规程 将鲜菇进行初分级整理后,并用清洁的水进行清洗去掉杂质,水的卫生要求应符合《生活饮用水卫生标准(GB 5749－85)》,不得在水中加入含有增白剂的化学物质,鲜菇须及时杀青处理,避免菌盖变松或者菌褶变黑。

2. 杀青技术规程 在锅中装半锅水,旺火烧开,然后放入鲜菇,加大火力重新烧开水。刚下锅时不要搅动,以免损伤菇体,待菇体变软后再翻动,使菇体受热均匀。锅中出现大量泡沫时,及时撇出去掉。煮至菇体无硬心,并有弹性,煮熟透的菇体放入冷水中会自然沉入水底,否则为没有煮熟透。没有煮熟透的菇是不能盐渍的,否则会变质。

3. 冷却漂洗技术规程 将煮熟透的菇体捞出,迅速放入冷水池中冷却,最好用流动水冷却,冷却至菇体内、外温度与室温一致,并且清洗去掉菇体内杀青水,然后,捞出菇体并沥去水。没有完全冷却的菇体不能进行盐渍,否则会出现色泽不正常,或变质。

4. 盐渍技术规程 将菇体装入池中,装一层菇,撒一层盐,用盐量为菇重的 35%～40%,或者在菇体中加入盐混合拌匀后,装入池中,最后,用饱和盐水淹没菇体,再在菇体上撒一层盐封盖。为了防止杂物进入盐渍菇内,在菇体上覆盖塑料薄膜。盐渍 15 天后,即可装桶出售。

5. 装桶技术规程 将盐渍好的菇捞出,装入有孔的筐内,沥去多余的水,沥至水不成线状流为止,然后装桶。包装须按外贸部门要求的标准,选用清洁卫生、封口严密的塑料桶。事先在桶内放1个塑料袋再装入菇,之后,加入经过滤并含有 0.5% 柠檬酸的(pH 值 3.5～4.2)饱和食盐水,使之淹没菇体。扎好袋口,盖严桶盖。

五、干制加工技术规程

(一)干燥设备

鸡腿蘑的干燥方法有热风干燥、远红外线干燥和冷冻干燥等,其中最常用的是热风干燥。远红外线干燥和冷冻干燥的产品质量高,但设备价格昂贵。热风干燥设备可自己制作,也可购买,其设备是利用排风扇向加热管吹热风,利用热空气将菇体内水分排出。

(二)干燥技术规程

1. 鲜菇处理技术规程 将去掉杂质的菇体,纵向剖开,菌盖与菌柄连接。及时干燥,避免子实体继续生长,菌褶变黑,或者菌盖自溶,从而失去商品价值。

2. 干制技术规程 将剖开的菇体排放在烘烤筛上,送入干燥室内。初期干燥温度控制在 30℃～40℃,并打开排风口,加大排气量,时间为 4～5 小时;然后,将温度升到 50℃～55℃,减少排风量,时间为 3～4 小时;最后在 60℃下烘烤,并关闭排风口,使其完全干燥。干燥至菇片含水量在 13% 以下,即手握即粉碎为止。

3. 包装与贮藏技术规程

(1)内包装材料卫生要求　内包装用塑料袋或塑料盒进行包装时,包装材料卫生指标应符合 GB 9687 或 GB 9688规定。

(2)外包装材料卫生要求　外包装(箱、筐)应牢固、干燥、清洁、无异味、无毒,便于装卸、仓贮和运输。外包装为纸箱或泡沫箱,塑料泡沫箱要符合 GB 9689《食品包装用聚苯乙烯树脂成型品卫生标准》,泡沫密度≥14 克。

(3)贮藏技术规程　将干燥的鸡腿蘑装入塑料袋密封,再装入纸箱内,在干燥、阴凉洁净的室内贮藏。须长期贮藏的,应在1℃～4℃低温下进行,这样才可避免菇体变色。在贮藏期间还需防止害虫为害,定期进行杀虫处理。

第九章　病虫害防治技术规程

一、防治的原则

(一)防治的基本条件

鸡腿蘑病虫害防治应遵循预防为主,综合防治的原则。一旦出现病害和虫害,是很难彻底杀灭菌的。因为鸡腿蘑生产是采用塑料袋装培养料,菌丝生长满袋后脱去塑料袋覆盖土壤进行出菇的,病原菌和害虫进入袋内后,就无法实施喷洒农药灭菌和杀虫;若在子实体生长期间,出现了病害,一旦使用农药,则必然导致产品中出现残留。

(二)综合防治措施

1. 生态控制

(1)生产场所选择　生产场地应选择远离畜禽场、食品加工厂、饲料厂、垃圾堆放场等可孳生各种病原菌和害虫的场所。生产场所还应选择地势较高,平坦,光照充足,排水良好,水源清洁的地点建造。

(2)菇房卫生　在栽培之前,应清除废菌袋,保持场地内清洁卫生,彻底清除场地内病原菌和害虫孳生的物质。同时,加大通风换气,保持场所内干燥。

(3)选择适宜品种　合理安排品种,选择抗病害、虫害能力强的品种,适时生产,增强自身抗病虫害能力,减少病、虫危害。

2. 物理防治

(1)病原菌防治

①培养料灭菌要彻底 培养料灭菌彻底,是控制杂菌感染的关键。常压灭菌时的温度须达到 98℃～100℃,灭菌时间不得低于 8 小时,另还需根据料袋多少,来确定灭菌时间长短。

②选择能防止尖硬原料刺破的塑料袋 原材料中含有尖硬的材料,应过筛去掉,要经过粉碎后使用。在装袋过程中,出现有被刺破的小孔时,须及时用不干胶封严。同时,选择较厚、抗拉力强的塑料袋。

③阳光下暴晒杀菌 将原材料在阳光下暴晒 2～3 天,可杀死病原菌孢子和害虫卵,同时使原材料干燥,可抑制贮藏期间原材料中病原菌繁殖。

④紫外线灯照射杀菌 在接种场所和培养室内安装紫外线灯,利用紫外线杀灭环境中病原菌。

⑤感染杂菌的菌袋处理 被杂菌感染的菌袋,须及时处理,不能倒出堆放在生产场所附近,否则真菌大量繁殖后,分生孢子随风飘入生产场所内,感染菌袋。污染的菌袋处理方法:一是将感染杂菌的菌袋,在常压蒸汽灭菌灶内 100℃ 左右下灭菌处理 10 小时。或者在高压蒸汽锅内 121℃ 下灭菌处理 2 小时,再将感染杂菌的培养料倒出,与新鲜培养料混合后,再利用。二是直接将感染杂菌的培养料,与新鲜培养料混合后再利用。此外,也可将严重感染杂菌的培养料烧毁,或者埋入土中。

(2)害虫的物理防治

①光诱杀 根据害虫具有趋光的特性,利用光线来诱杀害虫。常用的光诱杀设备有杀蚊灯,利用光诱导嗜菇瘿蚊等

害虫,使其飞向光源触电网而死。另一种是黄纸板,黄纸板上附着有胶水,害虫飞向黄纸板后被黏着,最后死亡。

②药物诱杀　利用害虫喜食某种食物的特性进行诱杀,如黑腹果蝇喜食腐烂水果、鸡腿蘑等特性。一是在盆中放入腐烂水果,或腐烂鸡腿蘑,加入农药液,诱使害虫吸食而死亡。二是在盆中加入糖醋液和农药的混合物,害虫被诱食后死亡。螨虫可用菜籽饼进行诱杀,在布上撒上菜籽饼粉,当螨虫嗅到气味后,聚集在菜籽饼上,然后取出放入沸水中或农药中杀灭。菌种瓶(袋)内出现少量螨虫时,用敌敌畏棉球涂抹表层菌株,然后,用塑料薄膜覆盖,亦可杀灭螨虫。

③阻止害虫　在菇房门窗和通风口上安装防虫网,可阻止害虫进入菇房,从而达到减少虫口密度的目的。

3. 生物防治　生物防治是食用菌病虫害防治的最佳方法之一。利用生物防治不会造成产品和环境污染,是食用菌病虫害防治的首选防治方法。

(1)病害的生物防治

①大蒜提取液防治杂菌　大蒜中含有大蒜素和阿霍烯(Ajone)对青霉、曲霉、根霉和木霉有抑制作用,提取液的有效浓度为 0.25%~1.25%。

②灰黄霉素防治杂菌　灰黄霉素能干扰真菌细胞 DNA 合成,从而抑制真菌生长,防治杂菌的有效浓度为 30~150 毫克/千克。

(2)虫害的生物防治

①捕食性动物的应用　类寄螨和窄株螨能捕食尖眼菌蚊和小杆线虫。

②寄生生物的应用　在国外已利用斯氏线虫、异小杆线虫来防治害虫。这两种线虫的寄生范围广、易繁殖、效果好。

斯氏线虫已商业化生产,商品名为 Nemasysm 和 Stealth,Nemasysm 已广泛用于防治尖眼菌蚊。

③苏云金杆菌　苏云金杆菌产生的伴孢晶体和芽孢具有杀虫作用,对杀灭各种菌蚊的效果较好。

④激　素　利用外激素(即性激素)可使害虫丧失交尾繁殖的机会,从而达到防治的目的。

⑤植物提取液　印楝素已广泛应用于农作物害虫防治上。印楝素果实中含有印楝素 A、印楝素 B、印楝素 D 和苦楝三醇等成分,主要作用于昆虫的内分泌系统,降低蜕皮激素的释放量,也可直接破坏表皮结构,或阻止表皮几丁质的形成,或干扰呼吸代谢,影响生殖器官发育,对靶标害虫起到致死作用。此外,还可用烟叶浸出液和苦楝浸出液防治害虫。

4. 化学药物防治　在其他方法防治失败后,可采取使用化学药物防治。化学药物使用应严格按照《中华人民共和国农药使用管理条例》所规定的可用农药,不得使用剧毒和高毒农药。

(1)化学药物选择　除了不得使用剧毒和高毒农药外,在使用化学药物时,还要考虑使用后,是否会造成鸡腿蘑子实体出现药害,长成畸形菇。不能使用敌敌涕、水胺硫磷等农药,否则鸡腿蘑子实体长成畸形。可使用多菌灵、甲基托布津和代森锌控制杂菌,使用高效氯氰菊酯、克螨特、灭蝇胺等杀灭害虫。

(2)化学药物防治方法　使用化学药物防治害虫时,应在菌袋培养期间,子实体采收后进行。因鸡腿蘑子实体生长快,在 7~10 天即可采收,故不能在子实体生长期间使用农药,否则会在子实体上残留农药。

（三）化学农药使用原则

在鸡腿蘑生产中，为了防治病虫害，使用农药消毒和杀虫时，仅能用于尚未栽培出菇的菇房，并应严格掌握用量，禁止使用以下农药药剂。①按照《中华人民共和国农药管理条例》，剧毒和高毒农药不得在蔬菜生产中使用，食用菌作为蔬菜的一类也应完全参照执行，不得在培养基中加入。高毒农药有三九一一、苏化 203、一六〇五、甲基一六〇五、一〇五九、杀螟威、久效磷、磷胺、甲胺磷、氧化乐果、磷化锌、磷化铝、氰化物、呋喃丹、氟化酰胺、砒霜、杀虫脒、西力生、赛力散、溃疡净、氯化苦、五氯酚钠、二氯溴丙烷、四〇一等。②混合型基质添加剂。含有植物生长调节剂或成分不清的混合型基质添加剂。③植物生长调节剂。

二、综合防治技术规程

（一）病害的综合防治技术规程

1. 黏帚霉　菌袋中感染黏帚霉后，其菌丝生长速度较鸡腿蘑快，产生毒素抑制鸡腿蘑生长，造成菌袋报废。常见的黏帚霉有绿黏帚霉（*Gliocladium virens*）和融黏帚霉（*G. deliquescens*）。

（1）发生条件　通过空气和害虫携带分生孢子传染，全年均可发生，但在夏季高温季节危害严重。

（2）综合防治措施

①预防措施　培养料要求新鲜，干燥，没有霉变；培养料灭菌要彻底，在 100℃ 左右温度下须进行灭菌 10 小时以上；

接种场所和工具,在使用之前,须用消毒剂进行消毒处理;培养室和菇房在使用之前,喷洒多菌灵和使百克混合药剂,杀灭环境中的黏帚霉。

②感染病害的菌袋处理 出现黏帚霉感染后,及时倒出培养料,并与新鲜培养料混合后再利用;或者烧毁,或者埋入土中。

2. 木霉 木霉是菌袋生产过程中常见且危害较大的一种竞争性杂菌。木霉种类较多,常见的木霉有绿色木霉（*Trichoderoma viride*）、康氏木霉（*T. konigii*）、多孢木霉（*T. polysporum*）、长梗木霉（*T. longibrachiatum*）和哈赤氏木霉（*T. hazianum*）等。木霉侵染后抑制菌丝体生长,从而造成菌袋报废。

（1）发生条件 高温、高湿,通风不良,培养料呈酸性时易感染。主要是通过孢子传播感染。

（2）综合防治措施

①预防措施 生产原料要求新鲜、干燥。培养料灭菌要彻底,在100℃左右下灭菌10小时以上,彻底杀灭原料中木霉菌孢子。培养菌种期间,加强通风换气,降低温度和湿度,将空气相对湿度控制在80%以下,避免高温、高湿。

②感染病害的菌袋处理 菌种中出现木霉菌感染后,应及时挖出培养料,少量地加入新鲜培养料中混合,再装袋灭菌后利用。也可将培养料烧毁,或深埋入土中。

3. 链孢霉 又叫脉孢霉、红色面包霉和红霉菌,常见的有好食脉孢霉（*Neurospora sitoohita*）和粗糙脉孢霉（*N. crassa*）。是夏季生产时常见且危害严重的一种杂菌。具有生长速度快,传染性强等特点。感染链孢霉后,在5～7天菌丝体就可长满袋或瓶,并在瓶口或袋口形成橘红色块状物或孢子粉。

(1)发生条件　自然条件下主要生长在嫩玉米芯上。在高温、高湿环境条件下极易发生,通过孢子传播感染。

(2)综合防治措施

①预防措施　在生产场地禁止丢弃吃剩的嫩玉米芯,以免因玉米芯上生长链孢霉而污染环境。原料要求新鲜、干燥。培养料灭菌要彻底,在100℃左右下需保持10小时以上进行杀菌。灭菌灶在没有使用期间,要将灶内木棒或竹竿取出晒干,防止生长链孢霉。培养发菌期间,加强通风换气,降低温度和湿度,避免出现高温、高湿的环境,恶化链孢霉孢子萌发的条件。培养室和接种室在使用之前,喷洒复合酚或甲醛液进行杀菌处理。

②感染病害菌袋的处理　培养发菌3~4天后,及时检查并清理出感染链孢霉的菌种,防止产生孢子后传染。若已形成孢子粉的,要用塑料袋或湿纸包裹着拣出,避免抖落掉孢子后传染。将污染物及时烧毁,或深埋入土中。

4. 青霉　危害鸡腿蘑的青霉种类较多,主要有绳状青霉(*Penicillium funiculosam*)、产黄青霉(*P. chysogernum*)和圆弧状青霉(*P. cyclopium*)等。青霉的危害方式是在培养料上与形成的菌落交织在一起,形成一层膜状物,覆盖在料面,隔绝空气,同时分泌出毒素,致死鸡腿蘑菌丝。

(1)发生条件　青霉分生孢子主要靠空气传播,全年均可危害,但在高温季节危害最严重。

(2)综合防治措施

①预防措施　培养料要求新鲜、干燥。配料时水分要湿透抖匀,不能有干料;培养料须在100℃左右高温下灭菌10小时以上。接种场所和培养室在使用之前,用气雾消毒盒点燃熏杀,或者用甲醛与高锰酸钾混合产生气体进行熏杀。也

可喷洒 0.1％的 50％多菌灵液，或 0.25％新洁尔灭液，以杀死环境中的青霉菌孢子。

②感染病害的菌袋处理　出现青霉感染后，及时挖出培养料，加入新鲜培养料中混合后再利用，或者烧毁，或埋入土中。

5. 根霉　根霉也是一种常见的杂菌，常见的根霉为黑根霉（*Rhizopus nigricans*）。培养料上感染根霉后，形成网状菌丝体，并产生黑色点状分生孢子，与鸡腿蘑争夺养料，造成减产。

（1）发生条件　自然条件下，生长在土壤、动物粪便和各种有机物上。孢子通过空气传播。

（2）综合防治措施

①预防措施　培养料要求新鲜、干燥，灭菌要彻底，杀灭培养料中根霉孢子。接种时，接种环境要认真消毒，防止接种工具沾上生水。培养菌种期间，加强通风换气，保持培养室内干燥。

②感染病害的菌袋处理　出现根霉感染后，及时将培养料挖出，混入新鲜培养料中再利用，或者深埋或烧毁。

6. 毛霉　毛霉也是一种常见杂菌，主要为总状毛霉（*Mucor eacemosus*）。培养料上感染毛霉后，长出粗壮致密的菌丝体和黑色孢子囊，与鸡腿蘑菌丝争夺养分，甚至抑制其生长。

（1）发生条件　自然条件下生长在土壤、空气、粪便和堆肥上，特别是菌种培养时，出现 40℃以上高温后极易感染毛霉。

（2）综合防治措施

①预防措施　培养室在使用之前，喷洒消毒剂如 0.1％克霉灵，或 0.1％的 50％多菌灵等杀灭环境中的毛霉菌孢子。培养期间，加强通风换气和降温管理，防止出现 40℃以上高

湿性粉剂 1 000 倍液等消毒剂杀灭病原菌。

11. 褐色石膏霉　鸡腿蘑覆土层上长出一层白色至褐色霉层,初期为白色,或变为褐色粉状,从而影响鸡腿蘑子实体生长。

(1)生长条件　自然条件下生长在土壤中有机质上,在高湿和温度偏高环境下极易发生。

(2)综合防治措施

①预防措施　覆盖用土,应取去掉地面表土的下层土,土壤中有机质含量少。在土壤中喷洒甲醛,用塑料薄膜密闭灭菌处理 2～3 天后使用。栽培场地,应选择上 1 潮没有种植过鸡腿蘑、双孢蘑菇等食用菌的场地。

②出现病害后的管理方法　出现该病后在菌床上撒上石灰粉或食盐抑制其扩展;或者在病害部位喷洒 0.1% 的 50% 多菌灵液,或 2% 甲醛液来抑制其生长。

12. 黑斑病　鸡腿蘑菌盖上出现黑色斑块,其病原菌为轮枝霉菌(*Verticillium* sp.),这是一种常见病害,造成鸡腿蘑商品质量严重下降。

(1)发生条件　在温度为 15℃～25℃、湿度大时易发生。主要是通过土壤、空气传播而感染。

(2)综合防治措施

①预防措施　栽培场地应选择上 1 潮没有种过鸡腿蘑的场地;栽培前,应喷洒 0.1% 多菌灵液,或 1：200～300 的克霉灵溶液,对场地进行除菌处理。覆盖用土要选择上 1 潮没有种植过鸡腿蘑和其他食用菌场地内的土壤;取菜园地土壤时,要去掉表层 10 厘米以上的土壤,取下层土壤使用。

②出现感病后的管理方法　出现感病后,加强通风换气,及时摘除病菇,防止传染。

13. 黑腐病　初期子实体上出现褐色斑块,后期变为黑色。严重时出现菌盖腐烂,只残留下菌柄。是一种细菌性病,病原菌为荧光假单胞杆菌(*Pseudomonas fluoresens*)。

(1)发生条件　出菇时土壤含水量偏高,空气相对湿度在99%以上时,极易发生;特别是在夏季隧道内栽培时易出现该病。

(2)综合防治措施

①预防措施　子实体生长期间加强通风换气,降低湿度,将空气相对湿度控制在90%以下;出菇期间,不能在土壤和菇体上喷水来保湿,同时防止水滴在菇体上;覆土后,在土表撒一层滑石粉,降低土表水分,可减少该病发生;出菇场地要求较干燥,通风良好;在夏季隧道内栽培时,应选择不漏水,通风换气良好的场所生产鸡腿蘑。

②出现病害后的管理方法　出现该病后,在初期可喷洒100单位的农用链霉素来抑制其生长和扩散,每次喷药不要过多,连续进行2~3次。

14. 菇体变色　菇体菌柄出现褐色,或者菌柄完全变成褐红色,但不腐烂,生长发育正常,造成商品质量下降。

(1)发生条件　覆土层含水量偏高,子实体上水分过重造成的。

(2)综合防治措施

①预防措施　出菇期间,不能在菇体上喷水,一旦喷水过多后,菇体就会出现变褐现象。隧道内栽培时,要防止水珠滴在菇体上,顶部有水珠出现时,要用无滴膜隔离。子实体生长期间,覆土层含水量不能太高,以偏干为宜。

②出现病害后的管理方法　出现病菇后,及时摘除改善环境条件,防止其他菇出现病害。

15. 畸形菇 子实体菌盖小或菌盖下部开展,是一种生理性病害。

(1)发生条件 氧气不足,二氧化碳浓度过高造成的。

(2)综合防治措施

①预防措施 出菇期间,要加强通风换气,降低二氧化碳浓度。

②出现病害后的管理方法 出现畸形菇后,及时改善环境条件,让子实体恢复正常生长。

16. 褐色鳞片菇 子实体菌盖表现长出许多翘起的鳞片,并变红褐色。从而降低商品质量。

(1)发生条件 环境湿度低,光照强造成的。

(2)综合防治措施

①预防措施 出菇期间,使环境处于黑暗或弱光照环境下,长出的菇才洁白,菌盖表面光滑、鳞片少。子实体生长期间,要减少通风量,防止干风直接吹向菇体,降低菇体上水分,将空气相对湿度保持在 80%~90%。

②出现病害后的管理方法 出现鳞片后,降低光照,减少通风量,增加湿度。

17. 子实体干枯病 子实体顶部干枯、萎缩,生长停止。

(1)发生原因 空气相对湿度较低,风直接吹向菇体上,造成菇体顶部失水干燥,而出现萎缩死亡。

(2)综合防治措施

①预防措施 子实体生长期间,减少通风量防止风直接吹向子实体,保持空气相对湿度在 80%~90%。

②出现病害后的管理方法 出菇干枯萎缩后,及时摘除,减少通风量,在人行道和墙壁上洒水来增加湿度,让其他菇正常生长发育。

(二)虫害防治技术规程

1. 多菌蚊 以幼虫取食菌丝体,并将菌丝体蚕食殆尽,造成不出菇或者幼菇死亡。

(1)生活习性 在温度偏高时活跃,成虫飞翔能力强,幼虫可行无性繁殖、速度快,成虫具有趋光性。

(2)综合防治措施

①预防措施 培养室和菇房在使用之前,清扫去掉废旧菌袋,并喷洒杀虫剂,如3 000~4 000倍液的溴氰菊酯等农药杀灭害虫。培养菌袋期间,也要常喷洒农药除虫。

②出现虫害后的防治方法 在菇房内安装黏虫纸进行诱杀。在未出菇之前,喷洒农药杀灭害虫。

2. 瘿蚊 瘿蚊幼虫初期为红色,大龄幼虫为白色。以幼虫取食菌丝体,并将菌丝体蚕食殆尽,从而造成出菇量减少或不出菇。

(1)生活习性 瘿蚊在温度偏高时活跃,为害严重,成虫和幼虫都具有趋光性,幼虫喜潮湿,干燥环境下活动困难。幼虫可行无性繁殖,且繁殖快。

(2)综合防治措施 参照多菌蚊的防治方法。

3. 螨虫 为害鸡腿蘑的螨虫极小,肉眼不易看见。菌种中出现螨虫为害后,菌丝体消失,初期为褐色,后变为黑褐色,从而造成减产或不出菇。

(1)生活习性 螨虫喜在温度高的环境中生活,平时生活在棉籽壳、麸皮、米糠等物上。在气温高于25℃时,繁殖快,为害加重。

(2)综合防治措施

①预防措施 培养室在使用之前,喷洒杀螨农药如

3 000～4 000 倍液的"螨即死"等杀灭螨虫,密闭性能好的培养室可用磷化铝密闭熏杀;使用的菌种要仔细检查,不要使用带有螨虫的菌种,以免造成大面积为害。

②出现后的防治方法 出现螨虫后,及时搬出,烧毁,或在灭菌锅内高温下杀灭后,挖除去掉,或再利用。

主要参考文献

[1] 张金霞,谢宝贵主编.食用菌菌种生产与管理手册.北京:中国农业出版社,2006.

[2] 农业部微生物肥料和食用菌菌种质量监督检验测试中心,中国标准出版社第一编辑室编.食用菌技术标准汇编.北京:中国标准出版社,2006.

[3] 蔡衍山,吕作舟,蔡耿新编者.食用菌无公害生产技术手册.北京:中国农业出版社,2003.

[4] 黄年来等.18种珍稀美味食用菌栽培.北京:中国农业出版社,1997.

[5] 黄年来编著.食用菌病虫害诊治(彩色)手册.北京:中国农业出版社,2001.

[6] 杜巍,袁静,唐兴芳等.鸡腿蘑覆土机理研究初探.中国食用菌,2003,22(1):15—16.

[7] 杨宣华,张维民,关仕港等.不同覆土深度对鸡腿菇子实体产量的影响.中国食用菌,2004,23(2):27—28.

[8] 张渊,张筱梅,张焕发等.鸡腿菇发酵料栽培技术研究.食用菌,2004,(2):21—22.

金盾版图书,科学实用,
通俗易懂,物美价廉,欢迎选购

姬松茸栽培技术	6.50 元	图说黑木耳高效栽培关	
金福菇栽培技术	5.50 元	键技术	13.00 元
金耳人工栽培技术	8.00 元	图说金针菇高效栽培关	
黑木耳与银耳代料栽培		键技术	8.50 元
速生高产新技术	5.50 元	图说食用菌制种关键技	
黑木耳与毛木耳高产栽		术	9.00 元
培技术	5.00 元	图说灵芝高效栽培关键	
中国黑木耳银耳代料栽		技术	10.50 元
培与加工	17.00 元	图说香菇花菇高效栽培	
黑木耳代料栽培致富		关键技术	10.00 元
——黑龙江省林口		图说双孢蘑菇高效栽培	
县林口镇	10.00 元	关键技术	12.00 元
致富一乡的双孢蘑菇		图说平菇高效栽培关键	
产业——福建省龙		技术	13.00 元
海市角美镇	7.00 元	图说滑菇高效栽培关键	
黑木耳标准化生产技术	7.00 元	技术	10.00 元
食用菌病虫害防治	6.00 元	滑菇标准化生产技术	6.00 元
食用菌科学栽培指南	26.00 元	新编食用菌病虫害防治	
食用菌栽培手册(修订		技术	5.50 元
版)	19.50 元	15 种名贵药用真菌栽培	
食用菌高效栽培教材	5.00 元	实用技术	6.00 元
图说鸡腿蘑高效栽培关		地下害虫防治	6.50 元
键技术	10.50 元	怎样种好菜园(新编北	
图说毛木耳高效栽培关		方本修订版)	14.50 元
键技术	10.50 元	露地蔬菜高效栽培模式	9.00 元

以上图书由全国各地新华书店经销。凡向本社邮购图书或音像制品，可通过邮局汇款，在汇单"附言"栏填写所购书目，邮购图书均可享受 9 折优惠。购书 30 元(按打折后实款计算)以上的免收邮挂费，购书不足 30 元的按邮局资费标准收取 3 元挂号费，邮寄费由我社承担。邮购地址：北京市丰台区晓月中路 29 号，邮政编码：100072，联系人：金友，电话：(010)83210681、83210682、83219215、83219217(传真)。